中文版
Premiere Pro CC 2018
基础培训教程

全彩版

数字艺术教育研究室 编著

人民邮电出版社
北京

图书在版编目（CIP）数据

中文版Premiere Pro CC 2018基础培训教程：全彩版 / 数字艺术教育研究室编著. —— 北京：人民邮电出版社，2020.2
ISBN 978-7-115-53124-7

Ⅰ．①中… Ⅱ．①数… Ⅲ．①视频编辑软件—教材 Ⅳ．①TN94

中国版本图书馆CIP数据核字(2020)第003781号

内 容 提 要

本书全面系统地介绍 Premiere Pro CC 2018 的基本操作方法及影视编辑技巧，内容包括初识 Premiere Pro CC 2018，影视剪辑技术，视频转场效果，视频特效应用，调色、抠像与叠加，字幕与字幕特技，加入音频效果，文件输出和商业案例实训。

本书内容以课堂案例为主线，通过对各案例实际操作的讲解，使读者可以快速上手，熟悉软件功能和影视后期编辑思路。书中的软件功能解析部分，可使读者深入学习软件功能；课堂练习和课后习题，可以拓展读者的实际应用能力，提高读者的软件使用技巧；商业案例实训，可以帮助读者快速掌握影视后期制作的设计理念和设计元素，顺利达到实战水平。

本书附带学习资源，内容包括书中所有案例的素材、效果文件，以及在线视频，读者可通过在线方式获取这些资源，具体方法请参看本书前言。

本书适合作为院校艺术专业课程和培训机构的教材，也可作为 Premiere Pro CC 2018 自学人士的参考用书。

◆ 编　　著　数字艺术教育研究室
　　责任编辑　张丹丹
　　责任印制　马振武

◆ 人民邮电出版社出版发行　　北京市丰台区成寿寺路 11 号
　　邮编　100164　电子邮件　315@ptpress.com.cn
　　网址　http://www.ptpress.com.cn
　　北京捷迅佳彩印刷有限公司印刷

◆ 开本：787×1092　1/16
　　印张：17.5　　　　　　　2020 年 2 月第 1 版
　　字数：469 千字　　　　　2024 年 8 月北京第 12 次印刷

定价：69.80 元

读者服务热线：(010)81055410　印装质量热线：(010)81055316
反盗版热线：(010)81055315
广告经营许可证：京东市监广登字 20170147 号

前　言

Premiere 是 Adobe 公司开发的一款影视编辑软件，它功能强大，易学易用，深受广大影视制作爱好者和影视后期编辑人员的喜爱，已经成为这一领域非常流行的软件。目前，我国很多院校和培训机构的艺术专业，都将 Premiere 作为一门重要的专业课程。为了帮助院校和培训机构的教师比较全面、系统地讲授这门课程，使读者能够熟练地使用 Premiere 进行影视编辑，数字艺术教育研究室组织院校从事 Premiere 教学的教师和专业影视制作公司经验丰富的设计师共同编写了本书。

我们对本书的编写体例做了精心的设计，按照"课堂案例—软件功能解析—课堂练习—课后习题"这一思路进行编排，力求通过课堂案例演练，使读者快速熟悉软件功能和影视后期制作的设计思路；通过软件功能解析，使读者深入学习软件功能和使用技巧；通过课堂练习和课后习题，拓展读者的实际应用能力。在内容编写方面，我们力求细致全面、突出重点；在文字叙述方面，我们注意言简意赅、通俗易懂；在案例选取方面，我们强调案例的针对性和实用性。

本书附带学习资源，内容包括书中所有案例的素材及效果文件。读者在学完本书内容以后，可以调用这些资源进行深入练习。这些学习资源文件均可在线获取，扫描"资源获取"二维码，关注我们的微信公众号，即可得到资源文件获取方式，并且可以通过该方式获得"在线视频"的观看地址。另外，购买本书作为授课教材的教师也可以通过该方式获得教师专享资源，其中包括教学大纲、电子教案、PPT 课件，以及课堂案例、课堂练习和课后习题的教学视频等相关教学资源包。如需资源获取技术支持，请致函 szys@ptpress.com.cn。本书的参考学时为 46 学时，其中实训环节为 20 学时，各章的参考学时可以参见下面的学时分配表。

资源获取

章　序	课　程　内　容	学　时　分　配	
		讲　授	实　训
第 1 章	初识 Premiere Pro CC 2018	2	
第 2 章	影视剪辑技术	2	2
第 3 章	视频转场效果	3	2
第 4 章	视频特效应用	4	2
第 5 章	调色、抠像与叠加	3	2
第 6 章	字幕与字幕特技	4	2
第 7 章	加入音频效果	4	2
第 8 章	文件输出	2	2
第 9 章	商业案例实训	2	6
学　时　总　计		26	20

由于时间仓促，编者水平有限，书中难免存在纰漏之处，敬请广大读者批评指正。

编　者
2019 年 11 月

资源与支持

本书由数艺社出品，"数艺社"社区平台（www.shuyishe.com）为您提供后续服务。

学习资源

所有案例的素材、效果文件和在线视频

教师专享资源

教学大纲
电子教案
PPT 课件
教学视频

资源获取请扫码

"数艺社"社区平台，为艺术设计从业者提供专业的教育产品。

与我们联系

我们的联系邮箱是 szys@ptpress.com.cn。如果您对本书有任何疑问或建议，请您发邮件给我们，并请在邮件标题中注明本书书名及 ISBN，以便我们更高效地做出反馈。

如果您有兴趣出版图书、录制教学课程，或者参与技术审校等工作，可以发邮件给我们；有意出版图书的作者也可以到"数艺社"社区平台在线投稿（直接访问 www.shuyishe.com 即可）。如果学校、培训机构或企业想批量购买本书或数艺社出版的其他图书，也可以发邮件给我们。

如果您在网上发现针对数艺社出品图书的各种形式的盗版行为，包括对图书全部或部分内容的非授权传播，请您将怀疑有侵权行为的链接通过邮件发给我们。您的这一举动是对作者权益的保护，也是我们持续为您提供有价值的内容的动力之源。

关于数艺社

人民邮电出版社有限公司旗下品牌"数艺社"，专注于专业艺术设计类图书出版，为艺术设计从业者提供专业的图书、U 书、课程等教育产品。出版领域涉及平面、三维、影视、摄影与后期等数字艺术门类，字体设计、品牌设计、色彩设计等设计理论与应用门类，UI 设计、电商设计、新媒体设计、游戏设计、交互设计、原型设计等互联网设计门类，环艺设计手绘、插画设计手绘、工业设计手绘等设计手绘门类。更多服务请访问"数艺社"社区平台 www.shuyishe.com。我们将提供及时、准确、专业的学习服务。

目　录

第1章

初识 Premiere Pro CC 2018

本章介绍

本章详细讲解了 Premiere Pro CC 2018 的基础知识和基本操作。通过对本章的学习，读者可以快速了解并掌握 Premiere Pro CC 2018 的入门知识，为后续章节的学习打下坚实的基础。

学习目标

- 掌握 Premiere Pro CC 2018 的基础知识。
- 熟练掌握 Premiere Pro CC 2018 的基本操作。

1.1 Premiere Pro CC 2018 概述

初学 Premiere Pro CC 2018 的读者在启动 Premiere Pro CC 2018 后，可能会对工作窗口或面板感到生疏。本节将对用户操作界面、"项目"面板、"时间轴"面板、"监视器"面板和其他面板及菜单命令进行详细的讲解。

1.1.1 认识用户操作界面

Premiere Pro CC 2018 的用户操作界面如图 1-1 所示，它由标题栏、菜单栏、"工作区"面板、"源"/"效果控件"/"音频剪辑混合器"面板组、"节目"面板、"项目"/"历史记录"/"效果"面板组、"时间轴"面板、"音频仪表"面板和"工具"面板等组成。

图 1-1

1.1.2 熟悉"项目"面板

"项目"面板主要用于输入、组织和存放供"时间轴"面板编辑合成的原始素材，如图 1-2 所示。按 Ctrl+PageUp 组合键，切换到列表的状态，如图 1-3 所示。单击"项目"面板左上方的 ▤ 按钮，在弹出的菜单中可以选择面板及相关功能的显示/隐藏方式，如图 1-4 所示。

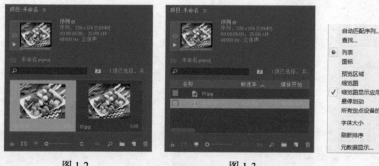

图 1-2   图 1-3   图 1-4

在图标状态时，将鼠标光标置于视频图标上左右移动，可以查看不同时间点的视频内容。

在列表状态时，可以查看素材的基本属性，包括素材的名称、媒体格式、视音频信息和数据量等。

"项目"面板下方的工具栏中共有 10 个功能按钮，从左至右分别为"项目可写"按钮 、"列表视图"按钮 、"图标视图"按钮 、"调整图标和缩览图大小"滑动条 、"排序图标"按钮 、"自动匹配序列"按钮 、"查找"按钮 、"新建素材箱"按钮 、"新建项"按钮 和"清除"按钮 。各按钮的含义如下。

"项目可写"按钮 ：单击此按钮可以将选中的项目变为可读。

"列表视图"按钮 ：单击此按钮可以将素材窗中的素材以列表形式显示。

"图标视图"按钮 ：单击此按钮可以将素材窗中的素材以图标形式显示。

"调整图标和缩览图大小"滑动条 ：拖动滑块可以更改项目面板中素材的大小。

"排序图标"按钮 ：在图标状态下对项目素材根据不同方式排序。

"自动匹配序列"按钮 ：单击此按钮可以将素材自动调整到时间轴。

"查找"按钮 ：单击此按钮可以按提示快速查找素材。

"新建素材箱"按钮 ：单击此按钮可以新建文件夹，以便管理素材。

"新建项"按钮 ：分类文件中包含多项不同素材的名称文件，单击此按钮可以为素材添加分类，以便更有序地进行管理。

"清除"按钮 ：选中不需要的文件，单击此按钮，即可将其删除。

1.1.3 认识"时间轴"面板

"时间轴"面板是 Premiere Pro CC 2018 的核心部分，在编辑影片的过程中，大部分工作是在"时间轴"面板中完成的。通过"时间轴"面板，可以轻松地实现对素材的剪辑、插入、复制、粘贴和修整等操作，如图 1-5 所示。

图 1-5

"将序列作为嵌套或个别剪辑插入并覆盖"按钮 ：单击此按钮，可以将序列作为一个嵌套或个别的剪辑文件插入时间轴并覆盖文件。

"对齐"按钮 ：单击此按钮可以启动吸附功能，这时在"时间轴"面板中拖动素材，素材将自动吸附到邻近素材的边缘。

"链接选择项"按钮 ：单击此按钮，可以链接所有开放序列。

"添加标记"按钮 ：单击此按钮，可以在当前帧的位置上设置标记。

"时间轴显示设置"按钮 ：可以设置时间轴面板的显示选项。

"切换轨道锁定" 按钮 🔒：单击该按钮，当按钮变成 🔒 状时，当前的轨道被锁定，处于不能编辑状态；当按钮变成 🔓 状时，可以编辑操作该轨道。

"切换轨道输出" 按钮 👁：单击此按钮，可以设置是否在监视面板显示该影片。

"静音轨道" 按钮 M：激活该按钮，可以静音，反之则是播放声音。

"独奏轨道" 按钮 S：激活该按钮，可以设置独奏轨道。

折叠 – 展开轨道：双击右侧的空白区域，可以隐藏/展开视频轨道工具栏或音频轨道工具栏。

"转到下一关键帧" 按钮 ▶：将时间标签定位在被选素材轨道的下一个关键帧上。

"添加 – 移除关键帧" 按钮 ○：在时间标签所处的位置上，或在轨道中被选素材的当前位置上添加/移除关键帧。

"转到前一关键帧" 按钮 ◀：将时间标签定位在被选素材轨道的上一个关键帧上。

滑块 ○———○：放大/缩小音频轨道中关键帧的显示程度。

时间码 00:00:00:00：在这里显示播放影片的进度。

序列标签：单击相应的标签可以在不同的节目间相互切换。

轨道面板：对轨道的退缩、锁定等参数进行设置。

时间标尺：对剪辑的组进行时间定位。

菜单按钮：对时间单位及剪辑参数进行设置。

视频轨道：为影片进行视频剪辑的轨道。

音频轨道：为影片进行音频剪辑的轨道。

1.1.4　认识"监视器"面板

监视器面板分为"源"面板和"节目"面板，分别如图 1-6 和图 1-7 所示，所有编辑或未编辑的影片片段都在此显示效果。

图 1-6　　　　　　　　　　　　　　　图 1-7

"添加标记" 按钮 ♥：设置影片片段未编号标记。

"标记入点" 按钮 {：设置当前影片位置的起始点。

"标记出点" 按钮 }：设置当前影片位置的结束点。

"转到入点" 按钮 ←|：单击此按钮，可将时间标签▮移到起始点位置。

"转到出点" 按钮 →|：单击此按钮，可将时间标签▮移到结束点位置。

"后退一帧"按钮 ◀ ：此按钮是对素材进行逐帧倒播的控制按钮，每单击一次，播放就会后退 1 帧，按住 Shift 键的同时单击此按钮，每次后退 5 帧。

"前进一帧"按钮 ▶ ：此按钮是对素材进行逐帧播放的控制按钮，每单击一次，播放就会前进 1 帧，按住 Shift 键的同时单击此按钮，每次前进 5 帧。

"播放 – 停止切换"按钮 ▶ / ■ ：控制监视器面板中素材的时候，单击此按钮会从监视器面板中时间标签 当前位置开始播放；在"节目"监视器面板中，在播放时按 J 键可以进行倒播。

"插入"按钮 ：单击此按钮，当插入一段影片时，重叠的片段将后移。

"覆盖"按钮 ：单击此按钮，当插入一段影片时，重叠的片段将被覆盖。

"提升"按钮 ：用于将轨道上入点与出点之间的内容删除，删除之后仍然留有空间。

"提取"按钮 ：用于将轨道上入点与出点之间的内容删除，删除之后不留空间，后面的素材会自动连接前面的素材。

"导出帧"按钮 ：可导出一帧的影视画面。

分别单击"源"面板和"节目"面板右下方的"按钮编辑器"按钮 ，弹出如图 1-8 和图 1-9 所示的面板。面板中包含一些已有和未显示的按钮。

图 1-8　　　　　　　　　　　　　　　　图 1-9

"清除入点"按钮 ：清除设置的标记入点。

"清除出点"按钮 ：清除设置的标记出点。

"从入点到出点播放视频"按钮 ：单击此按钮，在播放素材时，只在定义的入点与出点之间播放素材。

"转到下一标记"按钮 ：将时差滑块移动到当前位置的下一个标记处。

"转到上一标记"按钮 ：将时差滑块移动到当前位置的前一个标记处。

"播放邻近区域"按钮 ：单击此按钮，将播放时间标签 当前位置前后 2 秒的内容。

"循环"按钮 ：该按钮是控制循环播放的按钮。单击此按钮，监视面板会不断循环播放素材，直至按下停止按钮。

"安全边距"按钮 ：单击该按钮为影片设置安全边界线，以防影片因画面太大而播放不完整，再次单击可隐藏安全线。

"隐藏字幕显示"按钮 ：可隐藏字幕显示效果。

"转到下一个编辑点（向下）"按钮 ：表示转到同一轨道上当前编辑点的后一个编辑点。

"转到上一个编辑点（向上）"按钮 ：表示转到同一轨道上当前编辑点的前一个编辑点。

"多机位录制开/关"按钮 ：多机位录制的开/关。

"切换多机位视图"按钮 ：打开/关闭多机位视图。

"切换代理"按钮 ：单击此按钮，可以在本机格式和代理格式之间切换。

"切换 VR 视频显示"按钮 ⬡：单击此按钮，可以快速切换到 VR 视频显示。

"全局 FX 静音"按钮 ✦：单击此按钮，可以打开/关闭所有视频效果。

"贴靠图形"按钮 ⬓：单击此按钮，可以将绘制的图形贴靠。

可以直接将面板中需要的按钮拖曳到下面的显示框中，如图 1-10 所示，松开鼠标，按钮将被添加到面板中，如图 1-11 所示。单击"确定"按钮，所选按钮显示在面板中，如图 1-12 所示。可以用相同的方法添加多个按钮，如图 1-13 所示。

若要恢复默认的布局，再次单击面板右下方的"按钮编辑器"按钮 ⊞，在弹出的面板中选择"重置布局"按钮，再单击"确定"按钮即可。

图 1-10

图 1-11

图 1-12

图 1-13

1.1.5 其他功能面板概述

除了以上面板，Premiere Pro CC 2018 还提供了其他一些方便编辑操作的功能面板，下面逐一进行介绍。

1. "效果"面板

"效果"面板存放着 Premiere Pro CC 2018 自带的各种音频特效、视频特效和预设的特效，这些特效按照功能分为六大类，包括预设、Lumetri预设、音频效果、音频过渡、视频效果及视频过渡特效，如图 1-14 所示。每一类按照效果又可细分为很多小类。用户安装的第三方特效插件也将出现在该面板的相应类别文件中。

图 1-14

默认设置下，"效果"面板与"历史记录"面板、"信息"面板合并为一个面板组，单击"效果"标签，即可切换到"效果"面板。

2. "效果控件"面板

同"效果"面板一样，在 Premiere Pro CC 2018 的默认设置下，"效果控件"面板与"源"监视器面板、"音频剪辑混合器"面板合为一个面板组。"效果控件"面板主要用于控制对象的运动、不透明度、切换及特效等设置，如图 1-15 所示。当为某一段素材添加了音频、视频或转场特效后，就需要在该面板中进行相应的参数设置和添加关键帧，画面的运动特效也在这里进行设置。素材和特效不同，该面板显示的内容也不同。

3. "音轨混合器"面板

该面板可以更加有效地调节项目的音频，实时混合各轨道的音频对象，如图 1-16 所示。

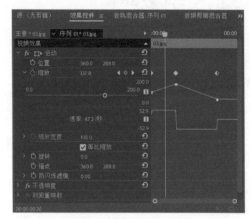

图 1-15 图 1-16

4. "历史记录"面板

"历史记录"面板可以记录用户从建立项目以来进行的所有操作。如果执行了错误操作后单击该面板中的相应命令，即可撤销错误的操作，并重新返回到错误操作之前的某一个状态，如图 1-17 所示。

5. "信息"面板

在 Premiere Pro CC 2018 中，"信息"面板作为一个独立面板显示，其主要功能是集中显示所选定素材对象的各项信息。不同的对象，其"信息"面板的内容也不尽相同，如图 1-18 所示。

图 1-17 图 1-18

默认设置下，"信息"面板是空白的，如果在"时间轴"面板中放入一个素材并选中它，"信息"面板将显示选中素材的信息，如果有过渡，则显示过渡的信息；如果选定的是一段视频素材，"信息"面板将显示该素材的类型、持续时间、帧速率、入点、出点及光标的位置；如果是静止图片，"信息"面板将显示素材的类型、持续时间、帧速率、开始点、结束点及光标的位置。

6. "工具"面板

"工具"面板主要用来对时间轴中的音频和视频等内容进行编辑，如图 1-19 所示。

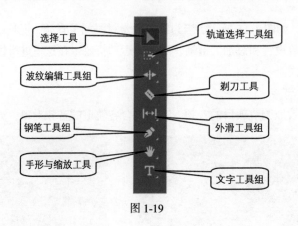

图 1-19

1.1.6 Premiere 菜单命令介绍

1. "文件"菜单

"文件"菜单包括的子菜单如图 1-20 所示，该菜单主要用于新建、打开、保存、导入、导出节目以及项目设置等。

图 1-20

新建：包括以下 18 个子命令。

（1）项目：可以创建一个新的项目文件。

（2）团队项目：可以创建一个多用户、多应用程序服务的项目。

（3）序列：可以创建一个新的合成序列，从而进行编辑合成。

（4）来自剪辑的序列：使用文件中已有的序列来新建序列。

（5）素材箱：在项目面板中创建项目文件夹。

（6）搜索素材箱：在项目面板中，可以按照搜索查询关联查找素材箱。

（7）已共享项目：可以将一个现有项目文件创建为共享文件。

（8）脱机文件：创建离线编辑的文件。

（9）调整图层：在项目面板中创建调整图层。

（10）旧版标题：可以创建标题字幕。

（11）Photoshop 文件：建立一个 Photoshop 文件，系统会自动启动 Photoshop 软件。

（12）彩条：在此可以建立一个 10 帧的色条片段。

（13）黑场视频：可以建立一个黑屏文件。

（14）字幕：建立一个新的字幕面板。

（15）颜色遮罩：在"时间轴"面板中叠加特技效果的时候，为被叠加的素材设置固定的背景色彩。

（16）HD 彩条：用来创建 HD 彩条文件。

（17）通用倒计时片头：用来创建倒计时的视频素材。

（18）透明视频：用来创建透明的视频素材文件。

打开项目：打开已经存在的项目、素材或影片等文件。

打开团队项目：打开团队项目文件。

打开最近使用的内容：打开最近编辑过的文件。

转换 Premiere Clip 项目：用于浏览需要的项目文件，在打开另一个项目文件或新建项目文件前，用户最好先将当前项目保存。

关闭：关闭当前选取的面板。

关闭项目：关闭当前操作的项目文件。

关闭所有项目：关闭所有操作的项目文件。

刷新所有项目：刷新所有操作的项目文件。

保存：将当前正在编辑的文件项目或字幕以原来的文件名进行保存。

另存为：将当前正在编辑的文件项目或字幕以新的文件进行保存。

保存副本：将当前正在编辑的文件项目或字幕以副本的形式进行保存。

全部保存：将当前打开的所有项目文件进行保存。

还原：放弃对当前文件项目的编辑，使项目回到最近的存储状态。

同步设置：可保持多台计算机的常规首选项、键盘快捷键和预设等设置同步。

捕捉：打开"捕捉"对话框，设置视频捕捉选项。

批量捕捉：打开"批量捕捉"对话框，设置相应选项。

链接媒体：用于将"项目"面板中的素材与外部的视频文件、音频文件和网络媒介等链接起来。

设为脱机：该命令与"链接媒体"命令相对立，用于取消"项目"面板中素材与外部视频文件、音频文件和网络等媒介的链接。

Adobe Dynamic link：使用该命令，可以使 Premiere 与 After Effects 更加有机地结合起来。

Adobe Story：使用该命令，可以使 Premiere 与 Story 更加有机地结合起来。

从媒体浏览器导入：从媒体浏览器中导入素材。

导入：在当前的文件中导入需要的外部素材文件。

导入最近使用的文件：列出最近时期内所有软件中导入的文件，如果要重复使用，可以在此直接导入使用。

导出：用于将工作区域栏中的内容以设定的格式输出为图像、影片、单帧、音频文件或字幕文件等。

获取属性：可以从中了解影片的详细信息，包括文件的大小、视频／音频的轨道数目、影片长度、平均的帧率、音频的各种指示与有关的压缩设置等。

项目设置：用于设置当前项目文件的一些基本参数，包括"常规""暂存盘"和"收录设置"3个子命令，如图 1-21 所示。

项目管理：用于管理项目文件或使用的素材，它可以排除未使用的素材，同时将项目文件与未使用的素材进行搜集并放置在同一个文件夹中。

退出：选择该命令，将退出 Premiere Pro CC 2018 程序。

2. "编辑"菜单

"编辑"菜单包括的内容如图 1-22 所示，该菜单主要用于复制、粘贴、剪切、撤销和清除等参数设置。

撤销：用于取消上一步的操作，返回到上一步之前的编辑状态。

重做：用于恢复撤销操作前的状态，避免重复性操作。该命令与撤销命令的次数理论上是无限次的，但具体次数取决于计算机的内存容量大小。

剪切：将当前文件直接剪切到其他地方，原文件不存在。

复制：将当前文件复制到剪切板中，原文件依旧保留。

粘贴：将剪切或复制的文件粘贴到相应的位置。

粘贴插入：将剪切或复制的文件在指定的位置以插入的方式粘贴。

粘贴属性：将其他素材片段上的一些属性粘贴到选定的素材片段上，这些属性包括一些过渡特技、滤镜和设置的一些运动效果等。

删除属性：将所选片段属性删除。

清除：用于消除选中的内容。

波纹删除：可以删除两个素材之间的间距，所有未锁定的剪辑都会移动并填补这个空隙，即被删除素材后面的内容将自动向前移动。

重复：复制"项目"面板中选定的素材，以创建其副本。

全选：选定当前面板中的所有素材或对象。

选择所有匹配项：选择所有匹配的项目和对象。

取消全选：取消对当前面板所有素材或对象的选定。

查找：根据名称、标签、类型、持续时间或出入点在"项目"面板中定位素材。

查找下一个：可以查找符合搜索条件的下一个剪辑实例

标签：该命令用于定义时间轴面板中素材片段的标签颜色。在"时间轴"上选中素材片段后，再选择"标签"子菜单中的任意一种颜色，即可改变素材片段的标签颜色。

移除未使用资源：选择该命令，可以从"项目"面板删除整个项目中未被使用的素材，这样可以减小文件的大小。

图 1-22

团队项目：用于设置团队项目的基本操作。

编辑原始：用于将选中的原始素材在外部程序软件（如 Adobe Photoshop 等）中进行编辑。此操作将改变原始素材。

在 Adobe Audition 中编辑：选择该命令，可在 Adobe Audition 中编辑声音素材。

在 Adobe Photoshop 中编辑：选择该命令，可在 Adobe Photoshop 中编辑图像素材。

快捷键：该命令可以分别为应用程序、窗口和工具等进行键盘快捷键设置。

首选项：用于对保存格式和自动保存等一系列的环境参数进行设置。

3."剪辑"菜单

"剪辑"菜单包括了大部分的剪辑影片的命令，如图 1-23 所示。

重命名：将选定的素材重新命名。

制作子剪辑：在"源素材"面板中为当前编辑的素材创建子素材。

编辑子剪辑：用于编辑子素材的切入点和切出点。

编辑脱机：对脱机素材进行注释编辑。

源设置：用于对外部的采集设备进行设置。

修改：对源素材的音频声道、视频参数及时间码进行修改。

视频选项：设置视频素材的各选项，如图 1-24 所示，其子菜单命令介绍如下。

图 1-23

（1）帧定格选项：设置一个素材的入点、出点或 0 标记点的帧，使其保持静止。

（2）添加帧定格：在时间轴中创建时间标签当前位置的静止图像。

（3）插入帧定格分段：将时间标签位置的剪辑拆分，并插入一个两秒钟的冻结帧。

（4）场选项：冻结帧时，进行场的交互设置。

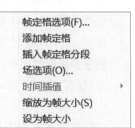

图 1-24

（5）时间插值：可以插入丢失的帧，以便进行时间重映射。

（6）缩放为帧大小：在"时间轴"面板中选中一段素材，选择该命令，所选素材在节目监视器面板中将自动满屏。

（7）设为帧大小：可将图像缩放到序列帧大小，无须栅格化图像。

音频选项：调整音频素材的各选项，如图 1-25 所示，其子菜单命令介绍如下。

（1）音频增益：提高或降低音量。

（2）拆分为单声道：从剪辑的立体声或 5.1 环绕音频声道创建单声道音频主剪辑。

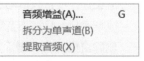

图 1-25

（3）提取音频：在源素材中提取音频素材，提取后的音频素材格式为 MAV。

速度/持续时间：用于设置素材播放的速度。

捕捉设置：用于设置捕捉视频或素材时的参数。

插入：将"项目"面板中的素材或"源"监视器面板中已经设置好入点与出点的素材插入"时间轴"面板中时间标签所在的位置。

覆盖：将"项目"面板中的素材或在"源"监视器面板中已经设置好入点与出点的素材插入"时间轴"面板中时间标签所在的位置，并覆盖该位置原有的素材片段。

替换素材：用新选择的素材文件替换"项目"面板中指定的旧素材。

替换为剪辑：此命令包含 3 个子菜单，如图 1-26 所示，其子菜单命令介绍如下。

（1）从源监视器：将当前素材替换为"Source"面板中的素材。

（2）从源监视器，匹配帧：将当前素材替换为"Source"面板中的素材，并选择与其时间相同的素材进行匹配。

图 1-26

（3）从素材箱：从该素材的源路径进行相关的素材替换。

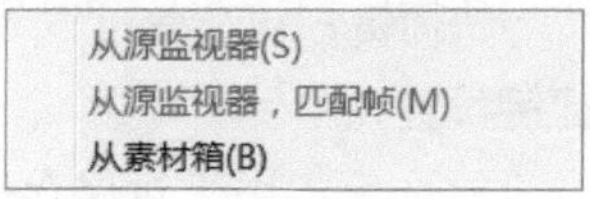

渲染和替换：可以拼合视频剪辑和 After Effects 合成，从而加快 VFX 大型序列的性能。

恢复未渲染的内容：可以将剪辑恢复到原始状态。

更新元数据：使用该命令可以更新元数据。

生成音频波形：可以将音频生成波形。

自动匹配序列：将"项目"面板中选定的素材按顺序自动排列到"时间轴"面板的轨道上。

启用：激活当前选中的素材。

链接：选择该命令，在"时间轴"面板中解除视频和音频文件的链接。

编组：将影片中的几个素材暂时组合成一个整体。

取消编组：将影片中组合成一个整体的素材分解成多个片段。

同步：按照起始时间、结束时间或时间码，将"时间轴"面板中的素材对齐。

合并剪辑：将多个素材合并为一个素材。

嵌套：从时间轴轨道中选择一组素材，将它们打包成一个序列。

创建多机位源序列：将多个素材创建为一个多机位源序列。

多机位：可用于从 4 个不同的视频源编辑多个影视片段。

4."序列"菜单

"序列"菜单主要用于在"时间轴"面板中对项目片段进行编辑、管理和设置轨道属性等操作，如图 1-27 所示。

序列设置：更改序列参数，如视频制式、播放速率和画面尺寸等。

渲染入点到出点的效果：渲染和预览指定工作区内的素材。

渲染入点到出点：渲染和预览整个工作区内的素材。

渲染选择项：只渲染选择的素材。

渲染音频：只渲染音频素材。

删除渲染文件：删除所有与当前项目工程关联的渲染文件。

删除入点到出点的渲染文件：删除工作区指定的渲染文件。

匹配帧：在"源"面板中显示与时间标签当前位置所匹配的帧图像。

图 1-27

反转匹配帧：反转当前位置所匹配帧的图像。

添加编辑：以当前时间标签为起点，切断在"时间轴"上当前轨道中的素材。

添加编辑到所有轨道：以当前时间标签为起点，切断在"时间轴"上所有轨道的素材。

修剪编辑：在"时间轴"面板中修剪素材。

将所选编辑点扩展到播放指示器：将素材中选择的编辑点伸缩到指示器位置。

应用视频过渡：此命令主要用于视频素材的转换。

应用音频过渡：此命令主要用于音频素材的转换。

应用默认过渡到选择项：将默认的过渡效果应用到所选择的素材。

提升：此命令主要是将监视器面板中所选定的源素材插入编辑线所在的位置。

提取：此命令主要是将监视器面板中所选定的源素材覆盖到编辑线所在位置的素材上。

放大/缩小：对"时间轴"面板中的时间显示比例进行放大和缩小，方便对视频和音频片段的编辑。

封闭间隙：选择此命令，可以将两个剪辑之间的间隙封闭。

转到间隔：跳转到序列或轨道中的下一段或前一段。

对齐：此命令主要用来设置是否让选择的素材具有吸附效果，将素材的边缘自动对齐。

链接选择项：可用于时间轴面板中的所有开放序列。

选择跟随播放指示器：打开"Lumetri 颜色"面板将自动选择该命令，该命令主要是确保颜色调整均应用于选定的剪辑。

显示连接的编辑点：此命令用于显示连接的编辑点。

标准化主轨道：统一设置主音频的音量值。

制作子序列：可以创建一个子序列。

添加轨道：此命令主要用来增加序列的编辑轨道。

删除轨道：此命令主要用来删除序列的编辑轨道。

5."标记"菜单

"标记"菜单主要用于对"时间轴"面板和监视器中的素材标记进行编辑处理，如图 1-28 所示。

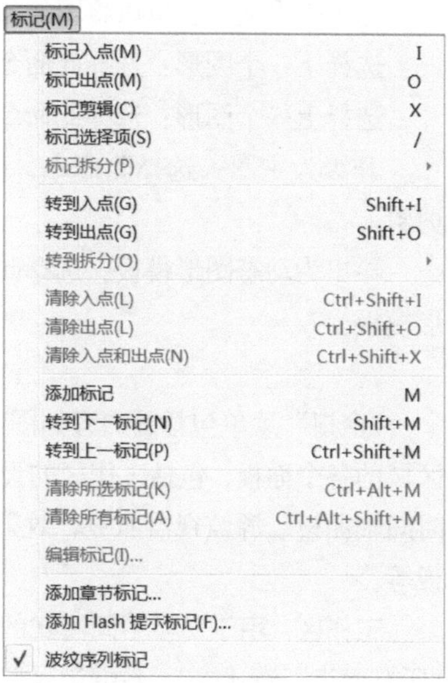

标记入点/出点：在"时间轴"面板中设置视频和音频素材的
入点或出点。

标记剪辑：在"时间轴"面板中标记视频和音频素材。

标记选择项：在"时间轴"面板中选择标记素材。

标记拆分：在"源"面板中拆分视频和音频的入点与出点。

转到入点/出点：使用此命令可指向某个素材标记，如转到
下一个标记入点或出点。此命令只有在设置完素材标记以后才
能使用。

转到拆分：在"源"面板中将时间标签跳转到拆分的音频或
视频的入点或出点。

清除入点/出点：清除标记的入点或出点。

清除入点和出点：清除标记的入点和出点。

添加标记：在时间标签▇的当前位置为素材添加标记。

转到下一标记：将时间标签▇跳转到下一个标记处。

标记(M)	
标记入点(M)	I
标记出点(M)	O
标记剪辑(C)	X
标记选择项(S)	/
标记拆分(P)	▶
转到入点(G)	Shift+I
转到出点(G)	Shift+O
转到拆分(O)	▶
清除入点(L)	Ctrl+Shift+I
清除出点(O)	Ctrl+Shift+O
清除入点和出点(N)	Ctrl+Shift+X
添加标记	M
转到下一标记(N)	Shift+M
转到上一标记(P)	Ctrl+Shift+M
清除所选标记(K)	Ctrl+Alt+M
清除所有标记(A)	Ctrl+Alt+Shift+M
编辑标记(I)...	
添加章节标记...	
添加 Flash 提示标记(F)...	
✓ 波纹序列标记	

图 1-28

转到上一标记：将时间标签▮跳转到上一个标记处。

清除所选标记：清除时间标签▮所在位置的标记。

清除所有标记：清除"时间轴"面板中的所有标记。

编辑标记：使用该命令可以编辑时间轴标记，如指定超链接和编辑注释等。

添加章节标记：设定 Encore 标记，如场景和主菜单等。

添加 Flash 提示标记：设置 Flash 交互式提示标记。

波纹序列标记：选择此命令，在时间轴中裁切或修剪时，可以使标记上行或下行。

6."图形"菜单

"图形"菜单包括的内容如图 1-29 所示，该菜单主要用于文字输入、图形绘制和动态模板操作。

从 Typekit 添加字体：可以将 Typekit 字体添加到程序中。

安装动态图形模板：可以安装保存或下载的动态模板。

新建图层：此命令包含 5 个子菜单，如图 1-30 所示，其子菜单命令介绍如下。

图 1-29

图 1-30

（1）文本：可以创建横排文字。

（2）直排文本：可以创建直排文字。

（3）矩形：可以创建矩形。

（4）椭圆：可以创建椭圆。

（5）来自文件：可以将图像和视频源作为图形中的图层进行添加。

选择下一个图形：选择此命令，可以选择当前图形的下一个图形。

选择上一个图形：选择此命令，可以选择当前图形的上一个图形。

升级为主图：选择此命令，可以用序列中的图形剪辑创建一个主剪辑。

导出为动态图形模板：选择此命令，可以将图形剪辑导出为动态图形模板。

7."窗口"菜单

"窗口"菜单包括的内容如图 1-31 所示，该菜单主要用于管理工作区域的各个面板，包括工作区的设置、历史面板、工具面板、效果面板、时间轴面板、源监视器面板、效果控件面板、节目监视器面板和项目面板等。

工作区：用于切换不同模式的工作面板。该命令包括"编辑"模式、"所有面板"模式、"元数据记录"模式、"Effects"模式、"效果"模式、"图形"模式、"库"模式、"组件"模式、"音频"模式、"颜色"模式、

图 1-31

"重置为保存的布局""保存对此工作区所做的更改""另存为新工作区""编辑工作区"和"导入项目中的工作区",如图 1-32 所示。

查找有关 Exchange 的扩展功能:用于查找 Exchange 的加载项。

扩展:用于打开扩展面板。

最大化框架:可将选取的面板最大化显示。再次选择,可恢复面板的大小。

音频剪辑效果编辑器:用于显示或关闭"音频剪辑效果编辑器"面板。

音频轨道效果编辑器:用于显示或关闭"音频轨道效果编辑器"面板。

Adobe Story:打开"Adobe Story"登录界面,用户可登录到自己的 Story 账户。

Lumetri 范围:用于显示或关闭"Lumetri 范围"面板,该面板可以调整内置视频的大小范围,这些范围可帮助用户准确地评估剪辑并进行颜色校正。

Lumetri 颜色:用于显示或关闭"Lumetri 颜色"面板,该面板主要提供对颜色分级和颜色校正的工具。

事件:用于显示"事件"对话框,图 1-33 所示为"事件"面板的操作界面,该面板用于记录项目编辑过程中的事件。

图 1-32

图 1-33

信息:用于显示或关闭"信息"面板,该面板中显示的是当前所选素材的文件名、类型和时间长度等信息。

元数据:用于显示/隐藏元数据信息面板。

历史记录:用于显示"历史"面板,该面板记录了从建立项目以来所进行的所有操作。

参考监视器:用于显示或关闭"参考监视器"面板,该面板用于对编辑的图像进行实时监控。

基本图形:用于显示或关闭"基本图形"面板,该面板用于对文字或图形进行编辑。

基本声音:用于显示或关闭"基本声音"面板,该面板用于对声音文件进行基本处理。

媒体浏览器:用于显示/隐藏媒体浏览器面板。

字幕:用于显示或关闭"字幕"面板,该面板主要用于设置字幕的类型、对齐、显示方式和位置等。

工作区:用于显示或关闭"工作区"面板,该面板主要用于切换工作模式。

工具:用于显示或关闭"工具"面板,该面板中包含一些进行视频编辑操作时常用的工具,它是一个独立的活动面板,单独显示在工作界面上。

库:用于显示或关闭"库"面板,该面板用于存储模板等资源。

捕捉:用于打开"捕捉"对话框,设置捕捉的入点、出点、剪辑数据和捕捉位置等。

效果:用于切换及显示"效果"面板,该面板集合了音频特效、视频特效、音频切换效果、视频切换效果和预置特效等功能，可以很方便地为时间轴面板中的素材添加特效。

效果控件：用于切换及显示"特效控制"面板，该面板中的命令用于设置添加到素材中的特效。

时间码：用于显示或关闭"时间码"面板，该面板用于显示时间标签所在的位置。

时间轴：用于显示或关闭"时间轴"面板，该面板按照时间顺序组合"项目"面板中的各种素材片段，是制作影视节目的编辑面板。

标记：用于显示或关闭"标记"面板，该面板按照时间顺序显示所有标记的相关信息。

源监视器：用于显示或关闭"源监视器"面板。在该面板中，可以对"项目"面板中的素材进行预览，还可以剪辑素材片段等。

编辑到磁带：用于打开"编辑到磁带"面板，设置媒体信息、设备控制、保存和删除预设等。

节目监视器：用于显示或关闭"节目监视器"面板。通过"节目监视器"面板，可对编辑的素材进行实时预览。

进度：用于显示或关闭"进度"面板，该面板主要用于打开项目时不重新链接脱机媒体。

音轨混合器：主要用于完成对音频素材的各种处理，如混合音频轨道、调整各声道音量平衡和录音等。

音频仪表：用于关闭或开启"音频仪表"面板，该面板主要对音频素材的主声道进行电平显示。

音频剪辑混合器：主要用于剪辑音频素材。

项目：用于显示或关闭"项目"面板。该面板用于引入原始素材，对原始素材片段进行组织和管理，并且可以用多种显示方式显示每个片段，包括缩略图、名称、注释说明和标签等属性。

8. "帮助"菜单

"帮助"菜单包括的内容如图 1-34 所示，该菜单主要用于帮助用户解决遇到的问题，与其他软件中的"帮助"菜单功能相同。下面介绍"帮助"菜单中常用的命令。

Adobe Premiere Pro 帮助：选择该命令，将进入帮助页面，如图 1-35 所示，在该页面中可以获取所需要的帮助信息。

Adobe Premiere Pro 教程：联网后可获取"Adobe Premiere Pro 教程"的技术支持。

图 1-34

图 1-35

欢迎屏幕：选择该命令，可以弹出欢迎屏幕。

键盘：选择该命令，可以在弹出的"Adobe Community Help"对话框中获取关于 Keyboard shortcuts 的帮助信息。

更新：在线更新软件程序。

关于 Adobe Premiere Pro：显示 Premiere Pro CC 2018 的版本信息。

1.2 Premiere Pro CC 2018 的基本操作

本节将详细讲解项目文件的处理，如新建项目文件、打开现有项目文件，以及对象的操作，如素材的导入、移动、删除和对齐等，这些基本操作对于后期制作至关重要。

1.2.1 项目文件操作

在启动 Premiere Pro CC 2018 开始进行影视制作时，必须先创建新的项目文件或打开已存在的项目文件，这是 Premiere Pro CC 2018 的基本操作之一。

1. 新建项目文件

新建项目文件分为两种：一种是启动 Premiere Pro CC 2018 时直接新建一个项目文件，另一种是在 Premiere Pro CC 2018 已经启动的情况下新建项目文件。

（1）在启动 Premiere Pro CC 2018 时新建项目文件

在启动 Premiere Pro CC 2018 时新建项目文件的具体操作步骤如下。

① 选择"开始 > 所有程序 > Adobe Premiere Pro CC 2018"命令，或双击桌面上的 Adobe Premiere Pro CC 2018 快捷图标，弹出启动面板，单击"新建项目"按钮，如图 1-36 所示。

② 弹出"新建项目"对话框，如图 1-37 所示。在"常规"选项卡中设置名称、位置、视频渲染和回放、视频、音频及捕捉格式等。单击"位置"选项右侧的"浏览"按钮，在弹出的对话框中选择项目文件的保存路径，在"名称"选项的文本框中设置项目名称。单击"确定"按钮，即可创建一个新的项目文件。

图 1-36   图 1-37

（2）利用菜单命令新建项目文件

如果 Premiere Pro CC 2018 已经启动，此时可利用菜单命令新建项目文件，具体操作步骤如下。

选择"文件 > 新建 > 项目"命令，如图 1-38 所示，或按 Ctrl+Alt+N 组合键，在弹出的"新建项目"对话框中按照上述方法进行合适的设置，单击"确定"按钮即可。

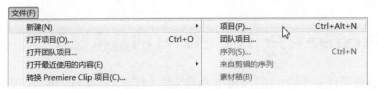

图 1-38

2. 打开已有的项目文件

要打开一个已存在的项目文件进行编辑或修改，可以使用以下 4 种方法。

（1）通过启动面板打开项目文件。启动 Premiere Pro CC 2018，在弹出的启动面板中单击"打开项目"按钮，如图 1-39 所示，在弹出的对话框中选择需要打开的项目文件，如图 1-40 所示，单击"打开"按钮，即可打开已选择的项目文件。

图 1-39

图 1-40

（2）通过启动面板打开最近编辑过的项目文件。启动 Premiere Pro CC 2018，在弹出的启动面板右侧列表中单击需要打开的项目文件，如图 1-41 所示，可打开最近保存过的项目文件。

图 1-41

（3）利用菜单命令打开项目文件。在 Premiere Pro CC 2018 程序面板中选择"文件 > 打开项目"命令，如图 1-42 所示，或按 Ctrl+O 组合键，在弹出的对话框中选择需要打开的项目文件，如图 1-43 所示，单击"打开"按钮，即可打开所选的项目文件。

图 1-42

图 1-43

（4）利用菜单命令打开近期的项目文件。Premiere Pro CC 2018 会将近期打开过的文件保存在"文件"菜单中，选择"文件 > 打开最近使用的内容"命令，在其子菜单中可以选择需要打开的项目文件，如图 1-44 所示。

图 1-44

3．保存项目文件

保存是文件编辑的重要环节。在 Adobe Premiere Pro CC 2018 中，以何种方式保存文件对图像文件以后的使用有直接的影响。

刚启动 Premiere Pro CC 2018 软件时，系统会提示用户先保存一个设置了参数的项目，因此，对于编辑过的项目，选择"文件 > 保存"命令或按 Ctrl+S 组合键，即可直接保存。另外，系统还会隔一段时间自动保存一次项目。

除此方法外，Premiere Pro CC 2018 还提供了"另存为"和"保存副本"命令。

保存项目文件副本的具体操作步骤如下。

（1）选择"文件 > 另存为"命令，或按 Ctrl+Shift+S 组合键，或者选择"文件 > 保存副本"命令，或按 Ctrl+ Alt+S 组合键，弹出"保存项目"对话框。

（2）在上方位置选项的下拉列表中选择保存路径。

（3）在"文件名"选项的文本框中输入文件名。

（4）单击"保存"按钮，即可保存项目文件。

4．关闭项目文件

如果要关闭当前项目文件，选择"文件 > 关闭项目"命令，或按 Ctrl+Shift+W 组合键即可。如果对当前文件做了修改却尚未保存，系统将会弹出如图 1-45 所示的提示对话框，询问是否要保存该项目文件所做的修改，单击"是"按

图 1-45

钮，保存项目文件；单击"否"按钮，则不保存文件并直接退出项目文件。

1.2.2　撤销与恢复操作

通常情况下，一个完整的项目需要经过反复的调整、修改与比较才能完成，因此，Premiere Pro CC 2018 为用户提供了"撤销"与"重做"命令。

在编辑视频或音频时，如果用户的上一步操作是错误的，或对操作得到的效果不满意，选择"编辑 > 撤销"命令，或按 Ctrl+Z 组合键即可撤销该操作；如果连续选择此命令，则可连续撤销前面的多步操作。

如果要取消撤销操作，可选择"编辑 > 重做"命令，或按 Ctrl+Shift+Z 组合键。例如，删除一个素材，通过"撤销"命令撤销操作后，如果还想将这些素材片段删除，则只要选择"编辑 > 重做"命令即可。

1.2.3　设置自动保存

设置自动保存功能的具体操作步骤如下。

（1）选择"编辑 > 首选项 > 自动保存"命令，弹出"首选项"对话框，如图 1-46 所示。

图 1-46

（2）在"首选项"对话框的"自动保存"选项区域中，根据需要设置"自动保存时间间隔"及"最大项目版本"的数值，如在"自动保存时间间隔"文本框中输入 15，在"最大项目版本"文本框中输入 20，即表示每隔 15 分钟将自动保存一次，而且只存储最近 20 次存盘的项目文件。

（3）设置完成后，单击"确定"按钮退出对话框，返回到工作界面。这样在以后的编辑过程中，系统就会按照设置的参数自动保存文件，用户可以不必担心由于意外而造成工作数据的丢失。

1.2.4　自定义设置

Premiere Pro CC 2018 为影片剪辑人员提供了常用的 DV-NTSC 和 DV-PAL 设置。如果需要自定义项目设置，可在对话框中切换到"自定义设置"选项卡，进行参数设置；如果运行 Premiere Pro CC 2018 的过程中需要改变项目设置，则需选择"文件 > 项目设置 > 常规"命令。

在常规对话框中，可以对影片的编辑模式、时间基数、视频和音频等基本指标进行设置，如图 1-47 所示。

视频：显示视频素材的格式信息。

音频：显示音频素材的格式信息。

捕捉：用来设置捕捉格式信息。

动作与字幕安全区域：可以设置字幕和动作影像安全框的显示范围，以设置数值的百分比计算。

图 1-47

1.2.5　导入素材

Premiere Pro CC 2018 支持大部分主流的视频、音频以及图像文件格式，一般的导入方式为选择"文件 > 导入"命令，在"导入"对话框中选择所需要的文件格式和文件即可，如图 1-48 所示。

1. 导入图层文件

以素材的方式导入图层的方法如下。

选择"文件 > 导入"命令，或按 Ctrl+I 组合键，在弹出的"导入"对话框中选择 Photoshop、Illustrator 等含有图层的格式文件，再选择需要导入的文件，单击"打开"按钮，会弹出如图 1-49 所示的提示对话框。

图 1-48　　　　　　　　　　　　　　　图 1-49

导入分层文件：设置 PSD 图层素材导入的方式，可选择"合并所有图层""合并的图层""各个图层"或"序列"。

本例选择"序列"选项，如图 1-50 所示，单击"确定"按钮，在"项目"面板中会自动产生一个文件夹，其中包括序列文件和图层素材，如图 1-51 所示。

图 1-50   图 1-51

以序列的方式导入图层后，会按照图层的排列方式自动产生一个序列，可以打开该序列设置动画，进行编辑。

2. 导入图片

序列文件是一种非常重要的源素材，它由若干幅按序排列的图片组成，记录活动影片，每幅图片代表 1 帧。通常可以在 3ds Max、After Effects、Combustion 软件中产生序列文件，然后再导入 Premiere Pro CC 2018 中使用。

序列文件以数字序号为序进行排列。当导入序列文件时，应在"首选项"对话框中设置图片的帧速率，也可以在导入序列文件后，在"解释素材"对话框中改变帧速率。导入序列文件的方法如下。

（1）在"项目"面板的空白区域双击，弹出"导入"对话框，找到序列文件所在的目录，勾选"图像序列"复选框，如图 1-52 所示。

（2）单击"打开"按钮，导入素材。序列文件导入后的状态如图 1-53 所示。

图 1-52   图 1-53

1.2.6　解释素材

对于项目的素材文件，可以通过解释素材来修改其属性。在"项目"面板中的素材上单击鼠标右键，在弹出的菜单中选择"修改 > 解释素材"命令，弹出"修改剪辑"对话框，如图 1-54 所示。

1. 设置帧速率

在"帧速率"选项区域中，可以设置影片的帧速率。选择"使用文件中的帧速率"，则使用影片的原始帧速率。剪辑人员也可以在"采用此帧速率"选项的数值框中输入新的帧速率，下方的"持续时间"选项显示影片的长度。改变帧速率，影片的长度也会发生改变。

2. 设置像素长宽比

一般情况下，选择"使用文件中的像素长宽比"选项，则使用影片素材的原像素宽高比。剪辑人员也可以通过"符合"选项的下拉列表重新指定像素宽高比。

3. 设置透明通道

可以在"Alpha 通道"选项区域中对素材的透明通道进行设置。在 Premiere Pro CC 2018 中导入带有透明通道的文件时，会自动识别该通道。勾选"忽略 Alpha 通道"复选框，则忽略 Alpha 通道；勾选"反转 Alpha 通道"复选框，可保存透明通道中的信息，同时也保存可见的 RGB 通道中的相同信息。

4. 观察素材属性

Premiere Pro CC 2018 提供了属性分析功能，利用该功能，剪辑人员可以了解素材的详细信息，包括素材的片段延时、文件大小和平均速率等。在"项目"面板或者序列中的素材上单击鼠标右键，在弹出的菜单中选择"属性"命令，弹出"属性"对话框，如图 1-55 所示。

图 1-54

图 1-55

该对话框中详细列出了当前素材的各项属性，如源素材路径、文件数据量、媒体格式、帧尺寸、持续时间和使用状况等。数据图表中，水平轴以帧为单位列出对象的持续时间，垂直轴显示对象每一个时间单位的数据率和采样率。

1.2.7 改变素材名称

在"项目"面板中的素材上单击鼠标右键，在弹出的菜单中选择"重命名"命令，素材会处于可编辑状态，输入新名称即可，如图 1-56 所示。

剪辑人员可以给素材重命名以改变它原来的名称，这在一部影片中重复使用一个素材或复制了一个素材并为之设定新的入点和出

图 1-56

点时极其有用。在"项目"面板和序列中观看一个复制的素材时，给素材重命名可以避免混淆。

1.2.8 利用素材库组织素材

可以在"项目"面板中建立一个素材库（即素材文件夹）来管理素材。使用素材文件夹，可以将节目中的素材分门别类、有条不紊地组织起来，这在组织包含大量素材的复杂节目时特别有用。

单击"项目"面板下方的"新建素材箱"按钮 ■，会自动创建一个新文件夹，如图 1-57 所示，单击 ⌄ 按钮可以折叠或展开文件夹。

图 1-57

1.2.9 查找素材

可以根据素材的名字、属性或附属的说明和标签，在 Premiere Pro CC 2018 的"项目"面板中搜索素材，如可以查找所有文件格式相同的素材，如*.avi 和*.mp3 等。

单击"项目"面板下方的"查找"按钮 🔍，或单击鼠标右键，在弹出的菜单中选择"查找"命令，弹出"查找"对话框，如图 1-58 所示。

图 1-58

在"查找"对话框中选择查找的素材属性，可按照素材的名称、媒体类型和卷标等属性进行查找。在"匹配"选项的下拉列表中，可以选择查找的关键字是全部匹配还是部分匹配，若勾选"区分大小写"复选框，则必须将关键字的大小写输入正确。

在对话框右侧的文本框中输入查找素材的属性关键字。例如，要查找图片文件，可选择查找的属性为"名称"，在文本框中输入"JPEG"或其他文件格式的后缀，然后单击"查找"按钮，系统会自动找到"项目"面板中的图片文件。如果"项目"面板中有多个图片文件，可再次单击"查找"按钮查找下一个图片文件。单击"完成"按钮，可退出"查找"对话框。

提示　除了可以查找"项目"面板中的素材，还可以使序列中的影片自动定位，找到其项目中的源素材。在"时间轴"面板中的素材上单击鼠标右键，在弹出的快捷菜单中选择"在项目中显示"，如图 1-59 所示，即可找到"项目"面板中的相应素材，如图 1-60 所示。

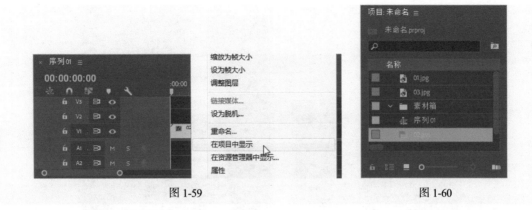

图 1-59　　　　　　　　　　　　　　　　　　图 1-60

1.2.10　离线素材

当打开一个项目文件时，系统若提示找不到源素材，如图 1-61 所示，这可能是源文件被改名或存在磁盘上的位置发生了变化造成的。可以直接在磁盘上找到源素材，然后单击"查找"按钮，也可以单击"取消"按钮选择略过素材，或单击"脱机"按钮，建立离线文件代替源素材。

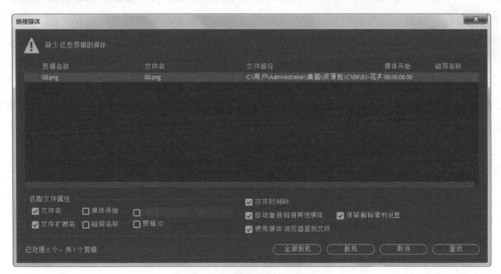

图 1-61

由于 Premiere Pro CC 2018 使用直接方式进行工作，因此，如果磁盘上的源文件被删除或者移动，就会发生在项目中无法找到其磁盘源文件的情况。此时，可以建立一个离线文件。离线文件具有和其所替换的源文件相同的属性，可以对其进行同普通素材完全相同的操作。当找到所需文件后，可以用该文件替换离线文件，以进行正常编辑。离线文件实际上起到占位符的作用，它可以暂时占据丢失文件所处的位置。

在"项目"面板中单击"新建项"按钮 ，在弹出的列表中选择"脱机文件"选项，弹出"新建脱机文件"对话框，如图 1-62 所示，设置相关参数后，单击"确定"按钮，弹出"脱机文件"对话框，如图 1-63 所示。

图 1-62　　　　　　　　　　　　　　　　　图 1-63

　　在"包含"选项的下拉列表中可以选择建立含有影像和声音的离线素材，或者仅含有其中一项的离线素材；在"音频格式"选项中可以设置音频的声道；在"磁带名称"选项的文本框中可以输入磁带卷标；在"文件名"选项的文本框中可以指定离线素材的名称；在"描述"选项的文本框中可以输入一些备注；在"场景"文本框中可以输入注释离线素材与源文件场景的关联信息；在"拍摄/获取"文本框中说明拍摄信息；在"记录注释"文本框中可以记录离线素材的日志信息；在"时间码"选项区域中可以指定离线素材的时间。

　　如果要以实际素材替换离线素材，则可以在"项目"面板中的离线素材上单击鼠标右键，在弹出的菜单中选择"链接媒体"命令，在弹出的对话框中指定文件并进行替换。"项目"面板中离线图标的显示如图 1-64 所示。

图 1-64

第2章 影视剪辑技术

本章介绍

本章将详细讲解 Premiere Pro CC 2018 中剪辑影片的基本技术和操作，包括分离素材、群组和嵌套、采集和上载视频，以及使用 Premiere Pro CC 2018 创建新元素的多种方式等。通过对本章的学习，读者可以掌握剪辑技术的使用方法和应用技巧。

学习目标

- 熟练掌握使用 Premiere Pro CC 2018 剪辑素材的方法。
- 掌握使用 Premiere Pro CC 2018 分离素材的方法。
- 了解 Premiere Pro CC 2018 中的群组。
- 了解捕捉和上载视频的方法。
- 掌握使用 Premiere Pro CC 2018 创建新元素的方法。

技能目标

- 掌握"秀丽山色"的制作方法。
- 掌握"万马奔腾"的制作方法。
- 掌握"影视片头"的制作方法。

2.1　使用 Premiere Pro CC 2018 剪辑素材

Premiere Pro CC 2018 中的编辑过程是非线性的，可以在任何时候插入、复制、替换、传递和删除素材片段，还可以采取各种各样的顺序和效果进行试验，并在合成最终影片或输出到磁带前进行预演。

在 Premiere Pro CC 2018 中，用户可以使用监视器面板和"时间轴"面板编辑素材。监视器面板用于观看素材和完成的影片，设置素材的入点和出点等；"时间轴"面板用于建立序列、安排素材、分离素材、插入素材、合成素材和混合音频等。使用监视器面板和"时间轴"面板编辑影片时，同时还会使用一些相关的命令和面板。

一般情况下，Premiere Pro CC 2018 会从头至尾地播放一个音频素材或视频素材。用户可以使用剪辑面板或监视器面板改变一个素材的开始帧和结束帧，或改变静止图像素材的长度。使用 Premiere Pro CC 2018 中的监视器面板可以对原始素材和序列进行剪辑。

2.1.1　课堂案例——秀丽山色

【案例学习目标】学习导入视频文件。

【案例知识要点】使用"导入"命令导入视频文件，使用"胶片溶解"特效、"交叉溶解"特效制作视频之间的转场效果，秀丽山色效果如图 2-1 所示。

【效果所在位置】Ch02\秀丽山色\秀丽山色.prproj。

图 2-1

1. 编辑视频文件

（1）启动 Premiere Pro CC 2018 软件，弹出"开始"界面，单击"新建项目"按钮 新建项目 ，弹出"新建项目"对话框，设置"位置"选项，选择保存文件的路径，在"名称"文本框中输入文件名"秀丽山色"，如图 2-2 所示，单击"确定"按钮，完成项目的创建。按 Ctrl+N 组合键，弹出"新建序列"对话框，在左侧的列表中展开"DV-PAL"选项，选中"标准 48kHz"模式，如图 2-3 所示，单击"确定"按钮，完成序列的创建。

图 2-2

图 2-3

（2）选择"文件 > 导入"命令，弹出"导入"对话框，选择本书学习资源中的"Ch02\秀丽山色\素材\ 01～ 04"文件，如图 2-4 所示，单击"打开"按钮，导入视频文件。导入后的文件排列在"项目"面板中，如图 2-5 所示。

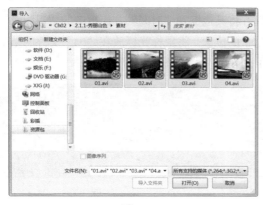
图 2-4

图 2-5

（3）在"项目"面板中，选中"01"文件并将其拖曳到"时间轴"面板中的"视频 1"轨道上，如图 2-6 所示。将时间标签放置在 00:00:03:00 的位置，将鼠标光标放在"01"文件的结束位置，当鼠标光标呈◄状时，向左拖曳鼠标到 00:00:03:00 的位置，如图 2-7 所示。

图 2-6

图 2-7

（4）在"项目"面板中，选中"02"文件并将其拖曳到"时间轴"面板中的"视频 1"轨道上，如图 2-8 所示。将时间标签放置在 00:00:06:10 的位置，将鼠标光标放在"02"文件的结束位置，当鼠标光标呈◄状时，向左拖曳鼠标到 00:00:06:10 的位置，如图 2-9 所示。

图 2-8

图 2-9

（5）在"项目"面板中，选中"03"文件并将其拖曳到"时间轴"面板中的"视频 1"轨道上，如图 2-10 所示。将时间标签放置在 00:00:08:00 的位置，将鼠标光标放在"03"文件的结束位置，当鼠标光标呈◄状时，向左拖曳鼠标到 00:00:08:00 的位置，如图 2-11 所示。

图 2-10

图 2-11

（6）在"项目"面板中，选中"04"文件并将其拖曳到"时间轴"面板中的"视频 1"轨道上，如图 2-12 所示。将时间标签放置在 00:00:11:00 的位置，将鼠标光标放在"04"文件的结束位置，当鼠标光标呈◄状时，向左拖曳鼠标到 00:00:11:00 的位置，如图 2-13 所示。

图 2-12

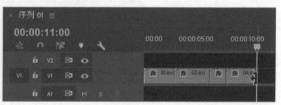
图 2-13

2．制作视频转场效果

（1）选择"窗口 > 效果"命令，弹出"效果"面板，展开"视频过渡"特效分类选项，单击"溶解"文件夹左侧的三角形按钮 ▷ 将其展开，选中"胶片溶解"特效，如图 2-14 所示。将"胶片溶解"特效拖曳到"时间轴"面板"视频 1"轨道中的"02"文件的开始位置，如图 2-15 所示。

图 2-14

图 2-15

（2）在"时间轴"面板中，选中"胶片溶解"特效，如图 2-16 所示，选择"窗口 > 效果控件"命令，弹出"效果控件"面板，将"持续时间"选项设为 00:00:01:22，其他选项的设置如图 2-17 所示。

图 2-16   图 2-17

（3）在"效果"面板中，展开"视频过渡"特效分类选项，单击"溶解"文件夹左侧的三角形按钮 将其展开，选中"叠加溶解"特效并将其拖曳到"时间轴"面板"视频 1"轨道中的"03"文件的开始位置，如图 2-18 所示。在"时间轴"面板中，选中"叠加溶解"特效，如图 2-19 所示。

图 2-18   图 2-19

（4）在"效果控件"面板中，将"持续时间"选项设为 00:00:00:22，其他选项的设置如图 2-20 所示。在"效果"面板中，展开"视频过渡"特效分类选项，单击"溶解"文件夹左侧的三角形按钮 将其展开，选中"交叉溶解"特效并将其拖曳到"时间轴"面板"视频 1"轨道中的"04"文件的开始位置，如图 2-21 所示。

（5）秀丽山色制作完成，如图 2-22 所示。

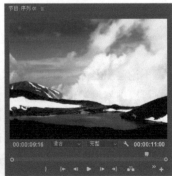

图 2-20   图 2-21   图 2-22

2.1.2　认识监视器面板

监视器面板中有两个面板，即"源"监视器面板与"节目"监视器面板，它们分别用来显示素材与作品在编辑时的状况。左边为"源"面板，显示和设置节目中的素材；右边为"节目"面板，显示和设置序列。监视器面板如图 2-23 所示。

在"源"监视器面板中，单击左上方的 ≡ 按钮，将弹出下拉列表，列表中提供了已经调入"时间轴"面板中的素材序列表，通过它可以更加快速方便地浏览素材的基本情况，如图 2-24 所示。

图 2-23

图 2-24

用户可以在"源"监视器面板和"节目"监视器面板中设置安全区域，这对输出用于电视机播放的影片非常有用。

电视机在播放视频图像时，屏幕的边缘会切除部分图像，这种现象叫作"溢出扫描"。不同的电视机，溢出的扫描量不同，所以要把图像的重要部分放在安全区域内。在制作影片时，需要将重要的场景元素、演员和图表放在运动安全区域内；将标题和字幕放在标题安全区域内。如图 2-25 所示，位于工作区域外侧的方框为运动安全区域，位于内侧的方框为标题安全区域。

单击"源"监视器面板或"节目"监视器面板下方的"安全边距"按钮 ▣，可以显示或隐藏监视器面板中的安全区域。

图 2-25

2.1.3　在"源"监视器面板中播放素材

不论是已经导入节目的素材还是使用打开命令观看的素材，系统都会将其自动打开在素材视窗中。用户可以在素材视窗播放和观看素材。

在"项目"和"时间轴"面板中双击要观看的素材，素材都会自动显示在"源"监视器面板中。使用面板下方的工具栏可以对素材进行播放控制，方便查看剪辑，如图 2-26 所示。

图 2-26

在不同的时间编码模式下，时间数字的显示模式会有所不同。如果是"无掉帧"模式，各时间单位之间用冒号分隔；如果是"掉帧"模式，各时间单位之间用分号分隔；如果选择"帧"模式，时间单位显示为帧数。

拖曳鼠标到时间显示的区域并单击，可以从键盘上直接输入数值，改变时间显示，影片会自动跳到输入的时间位置。

如果输入的时间数值之间无间隔符号，如"1234"，则 Premiere Pro CC 2018 会自动将其识别为帧数，并根据所选用的时间编码，将其换算为相应的时间。

面板右侧的持续时间计数器显示影片入点与出点间的长度，即影片的持续时间，显示为黑色。

缩放列表在"源"监视器面板或"节目"监视器面板的正下方，可改变面板中影片的大小，如图 2-27 所示。可以通过放大或缩小影片进行观察，选择"适合"选项，则无论面板大小，影片都会匹配视窗，完全显示影片内容。

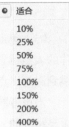

图 2-27

2.1.4　在其他软件中打开素材

Premiere Pro CC 2018 具有能在其他软件打开素材的功能，用户可以利用该功能在其他兼容软件中打开素材进行观看或编辑。例如，可以在 QuickTime 中观看 mov 影片，可以在 Photoshop 中打开并编辑图像素材。在应用程序中编辑该素材存盘后，在 Premiere Pro CC 2018 中，该素材会自动更新。

要在其他应用程序中编辑素材，必须保证计算机中安装了相应的应用程序并且有足够的内存运行该程序。如果是在"项目"面板编辑的序列图片，则在应用程序中只能打开该序列图片第 1 幅图像，如果是在"时间轴"面板中编辑的序列图片，则打开的是时间标签所在时间的当前帧画面。

使用其他应用程序编辑素材的方法如下。

（1）在"项目"面板或"时间轴"面板中，选中需要编辑的素材。

（2）选择"编辑 > 编辑原始"命令，或按 Ctrl+E 组合键。

（3）在打开的应用程序中编辑该素材并保存结果。

（4）返回到 Premiere Pro CC 2018 界面中，修改后的结果会自动更新到当前素材。

2.1.5　剪辑素材

剪辑可以增加或删除帧，以改变素材的长度。素材开始帧的位置被称为入点，素材结束帧的位置被称为出点。用户可以在"源/节目"监视器面板和"时间轴"面板中剪裁素材。

1．在"源/节目"监视器面板中剪辑素材

在"节目"监视器面板中改变入点和出点的方法如下。

（1）在"节目"监视器面板中双击要设置入点和出点的素材，将其在"源"监视器面板中打开。

（2）在"源"监视器面板中拖动时间标签█或按空格键，找到要使用的片段的开始位置。

（3）单击"源"监视器面板下方的"标记入点"按钮█或按 I 键，"源"监视器面板中会显示当前素材入点画面，在"选择缩放级别"选项的右侧显示入点标记█，如图 2-28 所示。

（4）继续播放影片，找到使用片段的结束位置。单击"源"监视器面板下方"标记出点"按钮█或按 O 键，在"选择缩放级别"选项的右侧显示入点标记█。入点和出点间显示为亮灰色，两点之间的片段即入点与出点间的素材片段，如图 2-29 所示。

图 2-28

图 2-29

（5）单击"转到上一标记"按钮 可以自动跳到影片的入点位置，单击"转到下一标记"按钮 可以自动跳到影片出点的位置。

当声音同步要求非常严格时，用户可以为音频素材设置高精度的入点。音频素材的入点可以使用高达 1/600s 的精度来调节。对于音频素材，入点和出点指示器出现在波形图相应的点处，如图 2-30 所示。

当用户将一个同时含有影像和声音的素材拖入"时间轴"面板时，该素材的音频和视频部分会被放到相应的轨道中。

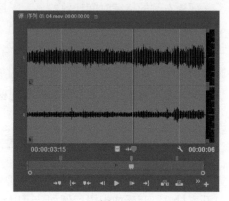

图 2-30

用户在为素材设置入点和出点时，对素材的音频和视频部分同时有效，也可以为素材的视频和音频部分单独设置入点和出点。

为素材的视频或音频部分单独设置入点和出点的方法如下。

（1）在"源"监视器面板中选择要设置入点和出点的素材。

（2）播放影片，找到使用片段的开始或结束位置。

（3）用鼠标右键单击面板，在弹出的菜单中选择"标记入点/出点"命令，如图 2-31 所示。

（4）在弹出的子菜单中分别设置链接素材的入点和出点，在"源"监视器面板和"时间轴"面板中的形状分别如图 2-32 和图 2-33 所示。

图 2-31

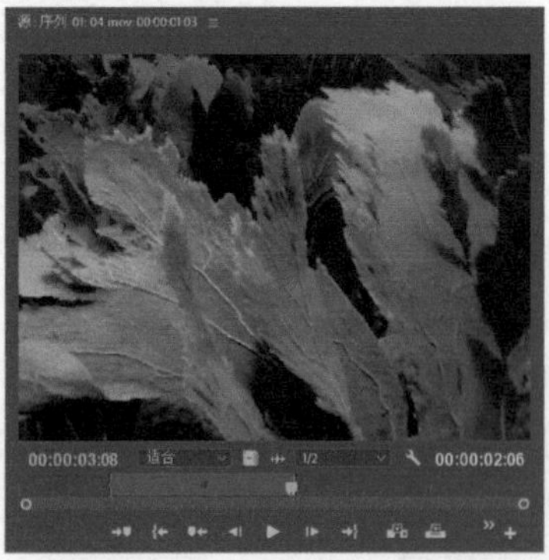

图 2-32

图 2-33

2．在"时间轴"面板中剪辑素材

Premiere Pro CC 2018 提供了多种编辑片段的工具，分别是"向前选择轨道"工具 、"向后选择轨道"工具 、"内滑"工具 、"外滑"工具 、"波纹编辑"工具 、"滚动编辑"工具 和"比例拉伸"工具 。下面讲解如何应用这些编辑工具。

"向前选择轨道"工具 和"向后选择轨道"工具 可以选择一个或多个轨道上的某个素材及其后存在的所有素材，也可以选择链接素材中的单独视频文件或音频文件。

（1）选择"向前选择轨道"工具 ，在"时间轴"面板中单击要选择的轨道素材，选取此素材及所有轨道上此素材之后的所有素材，如图 2-34 所示。

（2）按住 Shift 键的同时，在要选择的轨道素材上单击，选取此素材及该轨道中此素材之后的所有素材，如图 2-35 所示。

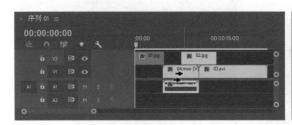 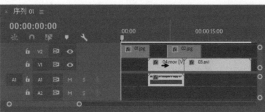

图 2-34　　　　　　　　　　　　　　　　　图 2-35

（3）按住 Alt+Shift 组合键的同时，在要选择的链接素材的视频上单击，选择此链接的视频文件及该轨道中此素材之后的所有素材，如图 2-36 所示。

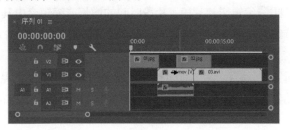

图 2-36

"内滑"工具 可以使两个片段的入点与出点发生本质上的位移，并不影响片段持续时间与节目的整体持续时间，但会影响编辑片段之前或之后的持续时间，迫使前面或后面的影片片段的出点与入点发生改变。具体操作步骤如下。

（1）选择"内滑"工具 ，在"时间轴"面板中单击中间的片段。

（2）将鼠标光标移动到两个片段的结合处，当鼠标光标呈 状时，向左拖曳鼠标对其进行编辑工作，如图 2-37 和图 2-38 所示。

 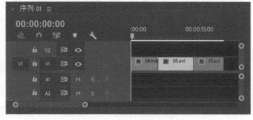

图 2-37　　　　　　　　　　　　　　　　　图 2-38

（3）在拖曳过程中，监视器面板中将会显示被调整片段的出点与入点以及未被编辑的出点与入点。利用"外滑"工具 编辑影片片段时，会更改片段的入点与出点，但它的持续时间不会改变，并不会影响其他片段的入点时间和出点时间，节目总的持续时间也不会发生任何改变。具体操作步骤如下。

（1）选择"外滑"工具 ，在"时间轴"面板中单击需要编辑的某一个片段。

（2）将鼠标光标移动到选择的片段上，当鼠标光标呈 ↔ 状时，左右拖曳鼠标对其进行编辑，如图 2-39 所示。

（3）拖曳鼠标时，监视器面板中将会依次显示上一片段的出点和后一片段的入点，同时显示画面帧数，如图 2-40 所示。

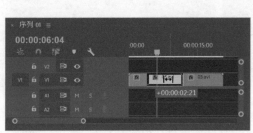

图 2-39

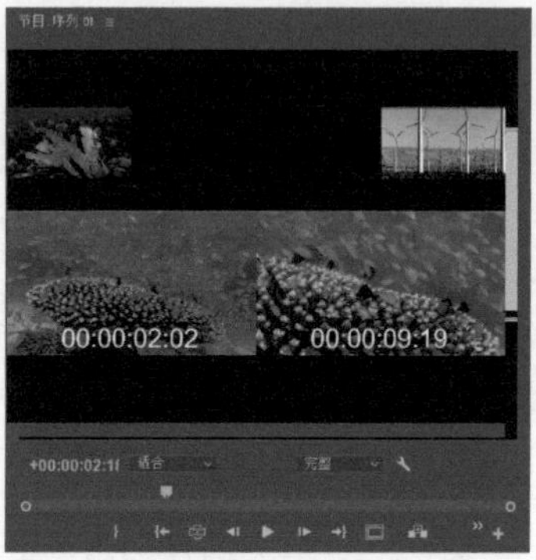

图 2-40

利用"滚动编辑"工具 编辑影片片段，片段时间的增长或缩短会由其相接片段进行替补。在编辑过程中，整个节目的持续时间不会发生任何改变，但会影响其轨道上的片段在时间轨道中的位置。具体操作步骤如下。

（1）选择"滚动编辑"工具 ，在"时间轴"面板中单击需要编辑的某一个片段。

（2）将鼠标光标移动到两个片段的结合处，当鼠标光标呈 ⁑ 状时，左右拖曳鼠标进行编辑工作，如图 2-41 和图 2-42 所示。

图 2-41

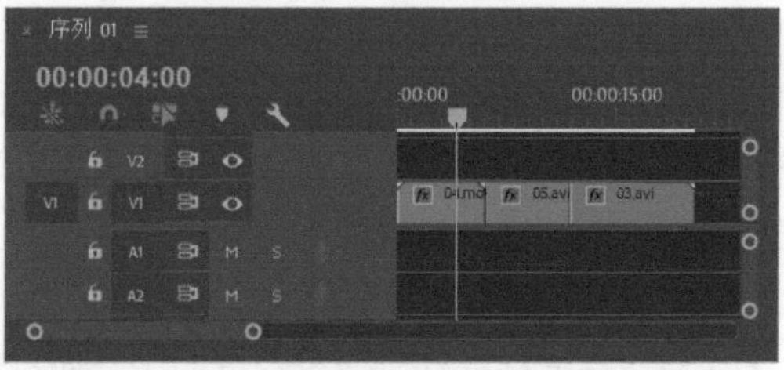

图 2-42

（3）释放鼠标后，被修整片段的帧增加或减少会引起相邻片段的变化，但整个节目的持续时间不会发生任何改变。

3. 导出帧

单击"节目"监视器面板下方的"导出帧"按钮 ，弹出"导出帧"对话框，在"名称"文本框中输入文件名称，在"格式"选项中选择文件格式，设置"路径"选项选择保存文件的路径，如图 2-43 所示。设置完成后，单击"确定"按钮，导出当前时间轴上的帧图像。

图 2-43

4. 改变影片的速度

在 Premiere Pro CC 2018 中，用户可以根据需求随意更改片段的播放速度，具体操作步骤如下。

（1）在"时间轴"面板中，用鼠标右键单击某一文件，在弹出的菜单中选择"速度/持续时间"命令，弹出"剪辑速度/持续时间"对话框，如图 2-44 所示。

速度：在此设置播放速度的百分比，以此决定影片的播放速度。

持续时间：单击选项右侧的时间码，当时间码变为如图 2-45 所示的内容时，在此导入时间值。时间值越长，影片播放的速度就越慢；时间值越短，影片播放的速度就越快。

图 2-44

倒放速度：勾选此复选框，影片片段将向反方向播放。

保持音频音调：勾选此复选框，将保持影片片段的音频播放速度不变。

波纹编辑，移动尾部剪辑：勾选此复选框，将保持剪辑位于与其相邻的变化剪辑之后。

图 2-45

（2）设置完成后，单击"确定"按钮完成更改持续时间的任务，返回到主页面。

5. 创建静止帧

冻结片段中的某一帧，则会以静帧方式显示该画面，就好像使用了一张静止图像的效果，被冻结的帧可以是片段开始点或结束点。创建静止帧的具体操作步骤如下。

（1）单击"时间轴"面板，选中某一影片片段。将时间标签移动到需要冻结的某一帧画面上，如图 2-46 所示。

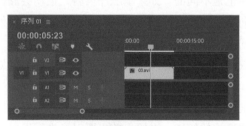

图 2-46

（2）为了确保片段仍处于选中状态，选择"剪辑 > 视频选项 > 帧定格选项"命令，弹出如图 2-47 所示的对话框。

（3）勾选"定格位置"复选框，在右侧的下拉列表中选择实施的对象编号，如图 2-48 所示。

（4）如果该帧已经使用了视频滤镜效果，则勾选对话框中的"定格滤镜"复选框，使冻结的帧画面依然保持使用滤镜后的效果。

（5）单击"确定"按钮完成创建。

图 2-47

图 2-48

6. 在"时间轴"面板中粘贴素材

Premiere Pro CC 2018 提供了标准的 Windows 编辑命令，用于剪切、复制和粘贴素材，这些命令都在"编辑"菜单命令下。

使用"粘贴插入"命令的具体操作步骤如下。

（1）选择素材，然后选择"编辑 > 复制"命令，或按 Ctrl+V 组合键。

（2）在"时间轴"面板中将时间标签![]移动到需要粘贴素材的位置，如图 2-49 所示。

（3）选择"编辑 > 粘贴插入"命令，或按 Ctrl+Shift+V 组合键，复制的影片被粘贴到时间标签![]位置，其后的影片等距离后退，如图 2-50 所示。

图 2-49   图 2-50

"粘贴属性"即粘贴一个素材的属性（包括滤镜效果、运动设定及不透明度设定等）到另一个素材目标上。

7. 场设置

使用视频素材时，会遇到交错视频场的问题，它会严重影响最后的合成质量。视频格式、采集和回放设备不同，场的优先顺序也是不同的。如果场顺序反转，运动会僵持和闪烁。在编辑中，改变片段的速度、输出胶片带、反向播放片段或冻结视频帧，都有可能遇到场处理问题。所以，正确的场设置在视频编辑中是非常重要的。

选择场顺序后，应该播放影片，观察影片是否能够平滑地播放，如果出现了跳动现象，则说明场的顺序是错误的。

对于采集或上载的视频素材，一般情况下要对其进行场分离设置。另外，如果要将计算机中完成的影片输出到用于电视监视器播放的领域，在输出前也要对场进行设置，输出到电视机的影片是具有场的。用户也可以为没有场的影片添加场，如使用三维动画软件输出的影片，在输出前添加场，用户可以在渲染设置中进行设置。

一般情况下，新建节目的时候就要指定正确的场顺序，这里的顺序一般要按照影片的输出设备来设置。在"新建序列"对话框中选择"设置"选项卡，在"视频"选项组"场"选项的右侧下拉列表中指定编辑影片所使用的场方式，如图 2-51 所示。在编辑交错场时，要根据相关的视频硬件显示奇偶场的顺序，选择"高场优先"或者"低场优先"选项。在输入影片的时候，也有类似的选项设置。

如果在编辑过程中得到的素材场顺序有所不同，则必须使其统一，并符合编辑输出的场设置。调整方法是，在"时间轴"面板中的素材上单击鼠标右键，在弹出的菜单中选择"场选项"命令，在弹出的"场选项"对话框中进行设置，如图 2-52 所示。

交换场序：如果素材场顺序与视频采集卡顺序相反，则勾选此复选框。

无：不处理素材场控制。

始终去隔行：将非交错场转换为交错场。

消除闪烁：该选项用于消除细水平线的闪烁。当该选项没有被选择时，一条只有一个像素的水平线只在两场中的其中一场出现，则在回放时会导致闪烁；选择该选项，将使扫描线的百分值增加或降低以混合扫描线，使一个像素的扫描线在视频的两场中都出现。在 Premiere Pro CC 2018 播出字幕时，一般都要将该项打开。

图 2-51

图 2-52

8．删除素材

如果用户决定不使用"时间轴"面板中的某个素材片段，则可以在"时间轴"面板中将其删除。在"时间轴"面板中删除的素材并不会在"项目"面板中删除。当用户删除一个已经运用于"时间轴"面板的素材后，在"时间轴"面板的轨道上，该素材处会留下空位。用户也可以选择波纹删除，将该素材轨道上的内容向左移动，覆盖被删除的素材留下的空位。

删除素材的方法如下。

（1）在"时间轴"面板中选择一个或多个素材。

（2）按 Delete 键或选择"编辑 > 清除"命令。

波纹删除素材的方法如下。

（1）在"时间轴"面板中选择一个或多个素材。

（2）如果不希望其他轨道的素材移动，可以锁定该轨道。

（3）选中素材单击鼠标右键，在弹出的菜单中选择"波纹删除"命令，或按 Shift+Delete 组合键。

2.1.6　设置标记点

为了查看素材帧与帧之间是否对齐，用户需要在素材或标尺上做一些标记。

1．添加标记

为影片添加标记的具体操作步骤如下。

（1）将"时间轴"面板中的时间标签█移到需要添加标记的位置，单击面板中左上角的"添加标记"按钮█，该标记将被添加到时间标签停放的地方，如图 2-53 所示。

图 2-53

（2）如果"时间轴"面板左上角的"对齐"按钮 ∩ 处于选中状态，则将一个素材拖动到轨道标记处，素材的入点将会自动与标记对齐。

2. 跳转标记

在"时间轴"面板的标尺上单击鼠标右键，在弹出的菜单中选择"转到下一标记"命令，或按 Shift+M 组合键，时间标签会自动跳转到下一标记；选择"转到上一标记"命令，或按 Ctrl+Shift+M 组合键，时间标签会自动跳转到前一个标记，如图 2-54 所示。

3. 删除标记

如果用户在使用标记的过程中发现有不需要的标记，可以将其删除。具体的删除步骤如下。

在"时间轴"面板中的标尺上单击鼠标右键，在弹出的菜单中选择"清除所选的标记"命令，或按 Ctrl+Alt+M 组合键，如图 2-55 所示，可清除当前选取的标记。选择"清除所有标记"命令，或按 Ctrl+Shift+Alt+M 组合键，即可将"时间轴"面板中的所有标记清除。

图 2-54　　　　　　　　　　　　　图 2-55

2.2　使用 Premiere Pro CC 2018 分离素材

在"时间轴"面板中，可以将一个单独的素材切割为两个或更多单独的素材，也可以使用插入工具进行三点或者四点编辑，还可以将链接素材的音频或视频部分分离，或者将分离的音频和视频素材链接起来。

2.2.1　课堂案例——万马奔腾

【案例学习目标】学习使用剃刀工具和插入按钮制作万马奔腾。

【案例知识要点】使用"导入"命令导入视频文件，使用"插入"按钮插入视频文件，使用"剃刀"工具切割视频文件，使用"随机块"特效、"拆分"特效和"油漆飞溅"特效制作视频之间的转场效果，万马奔腾效果如图 2-56 所示。

【效果所在位置】Ch02\万马奔腾\万马奔腾. prproj。

图 2-56

（1）启动 Premiere Pro CC 2018 软件，弹出"开始"界面，单击"新建项目"按钮 **新建项目...**，弹出"新建项目"对话框，设置"位置"选项，选择保存文件的路径，在"名称"文本框中输入文件名"万马奔腾"，如图 2-57 所示，单击"确定"按钮，完成项目的创建。按 Ctrl+N 组合键，弹出"新建序列"对话框，在左侧的列表中展开"DV-PAL"选项，选中"标准 48kHz"模式，如图 2-58 所示，单击"确定"按钮，完成序列的创建。

图 2-57

图 2-58

（2）选择"文件 > 导入"命令，弹出"导入"对话框，选择本书学习资源中的"Ch02\万马奔腾\素材\01 和 02"文件，如图 2-59 所示，单击"打开"按钮，将视频文件导入"项目"面板，如图 2-60 所示。

（3）在"项目"面板中，选中"01"文件并将其拖曳到"时间轴"面板中的"视频 1"轨道上，如图 2-61 所示。将时间标签放置在 00:00:03:00 的位置，如图 2-62 所示。

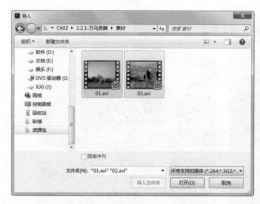

图 2-59　　　　　　　　　　　　　　　　图 2-60

图 2-61　　　　　　　　　　　　　　　　图 2-62

（4）在"项目"面板中双击"02"文件，将其在"源"面板中打开，如图 2-63 所示。单击"源"面板下方的"插入"按钮 ，如图 2-64 所示，松开鼠标，将"02"文件插入"时间轴"面板中，如图 2-65 所示。

图 2-63　　　　　　　　　　　　　　　　图 2-64

图 2-65

（5）将时间标签放置在 00:00:07:20 的位置，如图 2-66 所示。选择"剃刀"工具 ，将鼠标光标放置在时间标签所在的位置上单击，如图 2-67 所示，将视频素材切割为两段。

图 2-66　　　　　　　　　　　　　图 2-67

（6）选择"选择"工具 ，选中要删除的视频素材，按 Delete 键将其删除，效果如图 2-68 所示。选中最后 1 段视频素材并将其向左拖曳至"02"文件的结尾处，效果如图 2-69 所示。

图 2-68　　　　　　　　　　　　　图 2-69

（7）将时间标签放置在 00:00:05:00 的位置，如图 2-70 所示。选择"剃刀"工具 ，将鼠标光标放置在时间标签所在的位置上单击，将视频素材切割为两段，效果如图 2-71 所示。

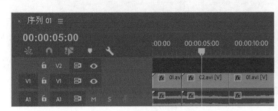

图 2-70　　　　　　　　　　　　　图 2-71

（8）选择"窗口 > 效果"命令，弹出"效果"面板，展开"视频切换"特效分类选项，单击"擦除"文件夹左侧的三角形按钮 将其展开，选中"随机块"特效，如图 2-72 所示。将"随机块"特效拖曳到"时间轴"面板中"视频 1"轨道的"02"文件开始位置，如图 2-73 所示。

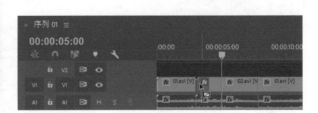

图 2-72　　　　　　　　　　　　　图 2-73

（9）在"时间轴"面板中，选中"随机块"特效，如图 2-74 所示，选择"窗口 > 效果控件"命令，弹出"效果控件"面板，将"持续时间"选项设为 00:00:01:15，其他选项的设置如图 2-75 所示。

图 2-74   图 2-75

（10）在"效果"面板中，单击"滑动"文件夹左侧的三角形按钮，将其展开，选中"拆分"特效，并将其拖曳到"时间轴"面板中"视频 1"轨道的"02"文件的结尾处与"02"文件的开始位置，如图 2-76 所示。

（11）在"效果"面板中，单击"擦除"文件夹左侧的三角形按钮，将其展开，选中"油漆飞溅"特效，并将其拖曳到"时间轴"面板中"视频 1"轨道的"02"文件的结尾处与"01"文件的开始位置，如图 2-77 所示。

图 2-76   图 2-77

（12）在"时间轴"面板中，选中"油漆飞溅"特效，在"效果控件"面板中，将"持续时间"选项设为 00:00:01:15，其他选项的设置如图 2-78 所示，"时间轴"面板中的效果如图 2-79 所示。

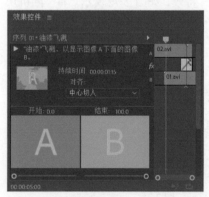

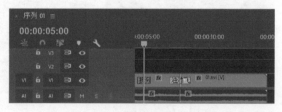

图 2-78   图 2-79

（13）万马奔腾制作完成，如图 2-80 所示。

2.2.2　切割素材

在 Premiere Pro CC 2018 中，当素材被添加到"时间轴"面板中的轨道后，必须对此素材进行分割才能进行后面的操作，可以使用工具箱中的剃刀工具来完成。具体操作步骤如下。

（1）选择"剃刀"工具 。

（2）将鼠标光标移动到需要切割影片片段的"时间轴"面板中的某一素材上并单击，该素材即被切割为两个素材，每个素材都有独立的长度以及入点与出点，如图 2-81 所示。

图 2-80

（3）如果要将多个轨道上的素材在同一点分割，则同时按住 Shift 键，会显示多重刀片，轨道上未锁定的素材都在该位置被分割为两段，如图 2-82 所示。

图 2-81

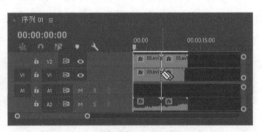

图 2-82

2.2.3　插入和覆盖编辑

用户可以选择插入和覆盖编辑，将"源"监视器面板或者"项目"面板中的素材插入"时间轴"面板。插入素材时，可以锁定其他轨道上的素材或切换，以避免引起不必要的变动。锁定轨道非常有用，比如可以在影片中插入一个视频素材而不改变音频轨道。

"插入"按钮 和"覆盖"按钮 ，可以将"源"监视器面板中的片段直接置入"时间轴"面板的时间标签 位置的当前轨道。

1. 插入编辑

使用"插入"按钮 插入片段时，凡是处于时间标签 之后（包括部分处于时间标签 之后）的素材都会向后推移。如果时间标签 位于轨道中的素材之上，插入新的素材会把原有素材分为两段，直接插在其中，原有素材的后半部分将会向后推移，接在新素材之后。使用插入按钮插入素材的具体操作步骤如下。

（1）在"源"监视器面板中选中要插入"时间轴"面板的素材并为其设置入点和出点。

（2）在"时间轴"面板中将时间标签 移动到需要插入素材的时间点，如图 2-83 所示。

（3）单击"源"监视器面板下方的"插入"按钮 ，将选择的素材插入"时间轴"面板，插入的新素材会直接插入其中，把原有素材分为两段，原有素材的后半部分将会向后推移，接在新素材之后，效果如图 2-84 所示。

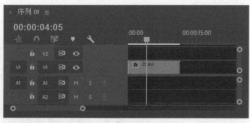

图 2-83

图 2-84

2. 覆盖编辑

使用"覆盖"按钮 ⊡ 插入素材的具体操作步骤如下。

（1）在"源"监视器面板中选中要插入"时间轴"面板的素材并为其设置入点和出点。

（2）在"时间轴"面板中将时间标签 ▯ 移动到需要插入素材的时间点，如图 2-85 所示。

（3）单击"源"监视器面板下方的"覆盖"按钮 ⊡ ，将选择的素材插入"时间轴"面板，加入的新素材在时间标签 ▯ 处将覆盖原有素材，如图 2-86 所示。

图 2-85

图 2-86

2.2.4　提升和提取编辑

使用"提升"按钮 ⊞ 和"提取"按钮 ⊞ 可以在"时间轴"面板的指定轨道上删除指定的一段节目。

1. 提升编辑

使用"提升"按钮 ⊞ 对影片进行删除修改时，只会删除目标轨道中选定范围内的素材片段，不会对其前、后的素材以及其他轨道上素材的位置产生影响。使用提升按钮的具体操作步骤如下。

（1）在"节目"面板中为素材需要提取的部分设置入点和出点。设置的入点和出点同时显示在"时间轴"面板的标尺上，如图 2-87 所示。

（2）在"时间轴"面板中选中提升素材的目标轨道。

（3）单击"节目"面板下方的"提升"按钮 ⊞ ，入点和出点之间的素材被删除，删除后的区域留下空白，如图 2-88 所示。

图 2-87

图 2-88

2. 提取编辑

使用"提取"按钮 对影片进行删除修改，不但会删除目标轨道中选中的片段，还会将其后面的素材前移，填补空缺，而且将其他未锁定轨道中位于该选择范围之内的片段一并删除，并将后面的所有素材前移。使用提取工具的具体操作步骤如下。

（1）在"节目"面板中为素材需要提取的部分设置入点和出点。设置的入点和出点同时显示在"时间轴"面板的标尺上，如图 2-89 所示。

（2）单击"节目"面板下方的"提取"按钮 ，入点和出点之间的素材被删除，其后面的素材自动前移，填补空缺，如图 2-90 所示。

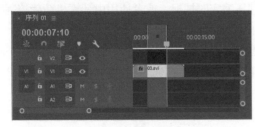
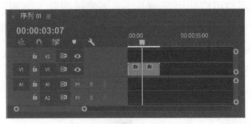

图 2-89　　　　　　　　　　　　　　　　图 2-90

2.2.5　链接和分离素材

为素材建立链接的具体操作步骤如下。

（1）在"时间轴"面板中框选要进行链接的视频和音频片段。

（2）单击鼠标右键，在弹出的菜单中选择"链接"命令，或按 Ctrl+L 组合键，即可将选中的片段链接在一起。

分离素材的具体操作步骤如下。

（1）在"时间轴"面板中选择视频链接素材。

（2）单击鼠标右键，在弹出的菜单中选择"取消链接"命令，或按 Ctrl+L 组合键，即可分离素材的音频和视频部分。

链接在一起的素材被断开后，分别移动音频和视频部分使其错位，然后再链接在一起，系统会在片段上标记警告并标识错位的时间，如图 2-91 所示，负值表示向前偏移，正值表示向后偏移。

图 2-91

2.3　Premiere Pro CC 2018 中的群组

在项目编辑工作中，经常要对多个素材进行整体操作。这时候，使用群组命令可以将多个片段组合为一个整体进行移动和复制等操作。

建立群组素材的具体操作步骤如下。

（1）在"时间轴"面板中框选要群组的素材。

（2）按住 Shift 键再次单击，可以加选素材。

（3）在选定的素材上单击鼠标右键，在弹出的菜单中选择"编组"命令，或按 Ctrl+G 组合键，选定的素材被群组。

素材被群组后，进行移动和复制等操作时，就会作为一个整体进行操作。如果要取消群组效果，则在群组的对象上单击鼠标右键，在弹出的菜单中选择"取消编组"命令，或按 Ctrl+Shift+G 组合键即可。

2.4 捕捉和上载视频

用户可以使用两种方法采集满屏视频，使用硬件压缩实时捕捉，或者使用由计算机精确控制帧的录像机或者影碟机实施非实时捕捉。一般使用硬件压缩实时捕捉视频。

非实时捕捉是指每次抓取硬盘的一帧或一段，直到捕捉完成所有的影片。这种方式需要一个帧精确控制录像机，原始录像带上有时间码和用于执行非实时捕捉视频的第三方设备控制器。非实时捕捉视频一般不会得到较高质量的素材。

提示 要将音频信号采集到 Windows 波形文件中，可选择"文件 > 捕捉"命令，弹出"捕捉"对话框，在记录选项卡中选择捕捉音频，如图 2-92 所示。

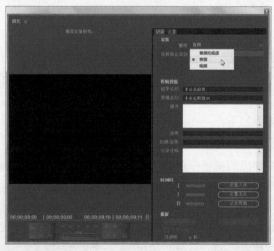

图 2-92

数字化音频的质量和声音文件的大小，取决于捕捉的频率和位深度，这些参数决定了模拟音频信号被数字化后的状态。例如，以 22kHz 和 16 位精度采样的音频，比 11kHz 和 8 位精度捕捉的音频质量明显提高。CD 音频通常以 44kHz 和 16 位精度数字化，而数码音带则可以达到 48kHz。更高的捕捉频率和量化指标会带来数据量的增大。

使用 Premiere Pro CC 2018 捕捉视频时，它先将视频数据临时存储到硬盘中的一个临时文件中，直到用户将该视频存储为.avi 文件。用户需要为捕捉的文件在硬盘中预留足够的空间，以便存放捕捉时产生的临时文件。另外，用户必须在捕捉视频后将捕捉的视频存储为.avi 文件，否则数据将在下一个采集过程中被重写。

使用 Premiere Pro CC 2018 捕捉的具体操作步骤如下。

（1）确定设备已正确连接，然后打开 Premiere Pro CC 2018，选择"文件 > 捕捉"命令，或按 F5 键，弹出"捕捉"对话框，如图 2-93 所示。

（2）对捕捉设备进行设置，选择对话框右侧的"设置"选项卡，切换至对应的面板，如图 2-94 所示。

图 2-93

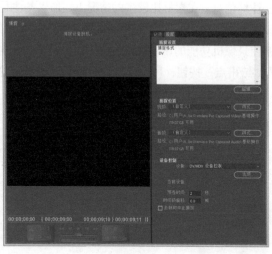

图 2-94

（3）"捕捉设置"区域栏显示当前可用的采集设备，单击"编辑"按钮，弹出如图 2-95 所示的"捕捉设置"对话框。

（4）在对话框中设置捕捉压缩质量。捕捉视频的质量取决于采集的数据率，数据率越高，质量越高。单击"确定"按钮，返回到对话框中。

（5）在"捕捉位置"区域栏中设定捕捉使用的暂存盘，如图 2-96 所示。

图 2-95

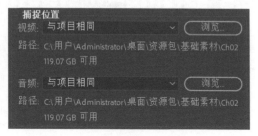

图 2-96

（6）分别在"视频"和"音频"栏中指定捕捉的暂存盘。原则上，应该指定计算机中的 SCSI 硬盘作为暂存盘，如果没有高速视频硬盘，可以选择剩余空间较大的硬盘作为暂存盘。

（7）在"设备控制"区域栏中对捕捉控制进行设定，如图 2-97 所示。

（8）在"设备"选项的下拉列表中可以指定捕捉时所使用的设备遥控器。单击"选项"按钮，可以在弹出的对话框中对控制设备进行进一步的设置，如图 2-98 所示。

（9）"预卷时间"和"时间码偏移"栏中可以设置影片播放的偏移时间，一般情况下都设为 0，不让时码发生偏移。

（10）由于数字卡或者其他硬件的问题，可能会导致在捕捉的时候发生丢帧情况，如果丢帧情况严重，可能会使影片无法流畅播放。勾选"丢帧时中止捕捉"复选框，如果在捕捉素材过程中出现丢帧，采集会自动停止。

（11）"记录"选项卡中的"素材数据"区域栏，用于对捕捉的素材进行备注设置，主要是填写一些注释信息。在素材比较多的情况下，加入备注是非常有用的，可以方便管理素材。"时间码"栏是比较重要的，可以在该参数栏中设置捕捉影片的开始（设置入点）和结束（设置出点）位置。对于具有遥控录像机功能的设备来说，由于可以精确控制时码，使用打点捕捉非常方便。在"捕捉"栏中单击"入点/出点"按钮，可以采集"时间码"栏设定的入点与出点间的设定片段，单击"磁带"按钮则可以捕捉整个磁带，如图 2-99 所示。

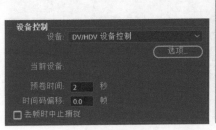  

图 2-97   图 2-98   图 2-99

（12）设置完成后，开始上载（捕捉）素材。用控制面板遥控录像机进行捕捉，录像带开始播放后，单击捕捉按钮开始录制采集，按 Esc 键可中止捕捉。

（13）捕捉完毕后，在项目面板中可以找到所捕捉的影片片段。

2.5　使用 Premiere Pro CC 2018 创建新元素

Premiere Pro CC 2018 除了使用导入的素材，还可以建立一些新素材元素，本节将进行详细讲解。

2.5.1　课堂案例——影视片头

【案例学习目标】学习使用通用倒计时属性。

【案例知识要点】使用"通用倒计时片头"命令创建倒计时，使用"剃刀"工具和"选择"工具裁剪视频，使用"速度/持续时间"命令改变视频素材的播放时间，影视片头效果如图 2-100 所示。

【效果所在位置】Ch02\影视片头\影视片头.prproj。

图 2-100

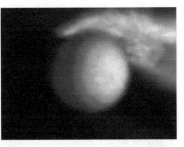

图 2-100（续）

（1）启动 Premiere Pro CC 2018 软件，弹出"开始"界面，单击"新建项目"按钮 新建项目...，弹出"新建项目"对话框，设置"位置"选项，选择保存文件的路径，在"名称"文本框中输入文件名"影视片头"，如图 2-101 所示，单击"确定"按钮，完成项目的创建。按 Ctrl+N 组合键，弹出"新建序列"对话框，在左侧的列表中展开"DV-PAL"选项，选中"标准 48kHz"模式，如图 2-102 所示，单击"确定"按钮，完成序列的创建。

图 2-101　　　　　　　　　　　　　　　　图 2-102

（2）选择"文件 > 导入"命令，弹出"导入"对话框，选择本书学习资源中的"Ch02\影视片头\素材\01"文件，如图 2-103 所示，单击"打开"按钮，将视频文件导入"项目"面板，如图 2-104 所示。

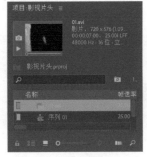

图 2-103　　　　　　　　　　　　　　　图 2-104

（3）选择"文件 > 新建 > 通用倒计时片头"命令，在弹出的"新建通用倒计时片头"对话框中进行设置，如图 2-105 所示，单击"确定"按钮，弹出"通用倒计时设置"对话框，将"擦除颜色"设为黑色（R、G、B 的值分别为 27、26、29）、"背景色"设为蓝色（R、G、B 的值分别为 0、68、184）、"线条颜色"设为绿色（R、G、B 的值分别为 0、181、111）、"目标颜色"设为深蓝色（R、G、B 的值分别为 0、8、121）、"数字颜色"设为白色，其他选项的设置如图 2-106 所示，单击"确定"按钮，完成通用倒计时片头的创建，"项目"面板如图 2-107 所示。

（4）在"项目"面板中，选中"通用倒计时片头"文件并将其拖曳到"时间轴"面板中的"视频 1"轨道上，如图 2-108 所示。

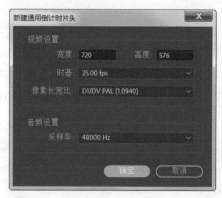

图 2-105

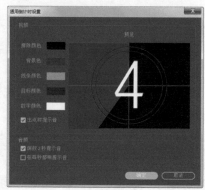

图 2-106

图 2-107

图 2-108

（5）将时间标签放置在 00:00:11:00 的位置，如图 2-109 所示。在"项目"面板中，选中"01"文件并将其拖曳到"时间轴"面板中的"视频 2"轨道上，如图 2-110 所示。

图 2-109

图 2-110

（6）将时间标签放置在 00:00:18:00 的位置，如图 2-111 所示。在"项目"面板中，选中"01"文件并将其拖曳到"时间轴"面板中的"视频 3"轨道上，如图 2-112 所示。

图 2-111

图 2-112

（7）将时间标签放置在 00:00:23:00 的位置，如图 2-113 所示。选择"剃刀"工具 ，将鼠标光标放置在时间标签所在的位置上单击，如图 2-114 所示，将视频素材切割为两段。

图 2-113

图 2-114

（8）选择"选择"工具 ，选中要删除的视频素材，按 Delete 键将其删除，效果如图 2-115 所示。选中最后一段视频素材并将其向左拖曳至"01"文件的结尾处，效果如图 2-116 所示。

图 2-115

图 2-116

（9）保持视频素材的选取状态，选择"剪辑 > 速度/持续时间"命令，在弹出的"剪辑速度/持续时间"对话框中进行设置，如图 2-117 所示，单击"确定"按钮，效果如图 2-118 所示。

（10）影视片头制作完成，效果如图 2-119 所示。

图 2-117

图 2-118

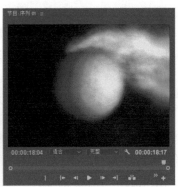
图 2-119

2.5.2 通用倒计时片头

通用倒计时通常用于影片开始前的倒计时准备。Premiere Pro CC 2018 为用户提供了现成的通用倒计时，用户可以非常简便地创建一个标准的倒计时素材，并可以在 Premiere Pro CC 2018 中随时对其进行修改，如图 2-120 所示。创建倒计时素材的具体操作步骤如下。

图 2-120

（1）单击"项目"面板下方的"新建项"按钮 ，在弹出的列表中选择"通用倒计时片头"选项，弹出"新建通用倒计时片头"对话框，如图 2-121 所示。设置完成后，单击"确定"按钮，弹出"通用倒计时设置"对话框，如图 2-122 所示。

图 2-121

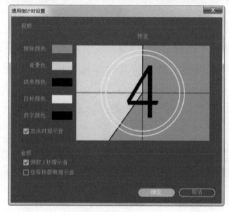

图 2-122

擦除颜色：擦除颜色。播放倒计时影片的时候，指示线会不停地围绕圆心转动，在指示线转动方向之后的颜色为划变色。

背景色：背景颜色。指示线转换方向之前的颜色为背景色。

线条颜色：指示线颜色。固定十字及转动的指示线的颜色由该项设定。

目标颜色：准星颜色。指定圆形准星的颜色。

数字颜色：数字颜色。指定倒计时影片中 8、7、6、5、4 等数字的颜色。

出点时提示音：结束提示标志。勾选该复选框，在倒计时结束时显示标志图形。

倒数 2 秒提示音：2 秒处是提示音标志。勾选该复选框，在显示"2"的时候发声。

在每秒都响提示音：每秒提示音标志。勾选该复选框，在每秒开始的时候发声。

（2）设置完成后，单击"确定"按钮，Premiere Pro CC 2018 自动将该段倒计时影片加入"项目"面板。

用户可在"项目"面板或"时间轴"面板中双击倒计时素材，随时打开"通用倒计时设置"对话框进行修改。

2.5.3 彩条和黑场

1. 彩条

Premiere Pro CC 2018 可以为影片在开始前加入一段彩条，如图
2-123 所示。

在"项目"面板下方单击"新建项"按钮 ▣，在弹出的列表中选
择"彩条"选项，即可创建彩条。

图 2-123

2. 黑场

Premiere Pro CC 2018 可以在影片中创建一段黑场。在"项目"面板下方单击"新建项"按钮 ▣，
在弹出的列表中选择"黑场"选项，即可创建黑场。

2.5.4 彩色蒙版

Premiere Pro CC 2018 还可以为影片创建一个颜色蒙版。用户可以将颜色蒙版作为背景，也可利用
"透明度"命令设定与它相关的色彩的透明性，具体操作步骤如下。

（1）在"项目"面板下方单击"新建项"按钮 ▣，在弹出的列表中选择"颜色遮罩"选项，弹出
"新建颜色遮罩"对话框，如图 2-124 所示。进行参数设置后，单击"确定"按钮，弹出"拾色器"对
话框，如图 2-125 所示。

图 2-124

图 2-125

（2）在"拾色器"对话框中选取蒙版所要使用的颜色，单击"确定"按钮，在弹出的"选择名称"
对话框中进行设置，如图 2-126 所示，单击"确定"按钮完成创建。
用户可在"项目"面板或"时间轴"面板中双击颜色蒙版，随时打
开"拾色器"对话框进行修改。

2.5.5 透明视频

在 Premiere Pro CC 2018 中，用户可以创建一个透明的视频层，
它能够将特效应用到一系列的影片剪辑中而无须重复地复制和粘贴属性。只要应用一个特效到透明视频
轨道上，特效结果将自动出现在下面的所有视频轨道中。

图 2-126

课堂练习——车水马龙

【练习知识要点】使用"导入"命令导入视频文件，使用"百叶窗"特效、"双侧平推门"特效、和"交叉缩放"特效制作视频之间的转场效果，车水马龙效果如图 2-127 所示。

【效果所在位置】Ch02\车水马龙\车水马龙.prproj。

图 2-127

课后习题——唯美夜空

【习题知识要点】使用"导入"命令导入视频文件，使用"插入"按钮将选中的视频文件插入"时间轴"面板，使用"渐隐为黑色"特效和"圆划像"特效制作视频之间的切换效果，唯美夜空效果如图 2-128 所示。

【效果所在位置】Ch02\唯美夜空\唯美夜空.prproj。

图 2-128

第 3 章　视频转场效果

本章介绍

本章主要讲解如何在 Premiere Pro CC 2018 的影片素材或静止图像素材之间建立丰富多彩的切换特效，每个图像切换的控制方式具有很多可调的选项。本章内容对于完成影视剪辑中的镜头切换有着非常实用的意义，它可以使剪辑的画面更加富有变化，更加生动多彩。

学习目标

- 熟练掌握转场特技设置。
- 掌握高级转场特技。

技能目标

- 掌握"森系女孩"的制作方法。
- 掌握"花开时节"的制作方法。

3.1　转场特技设置

转场包括使用镜头切换、调整切换区域、切换设置和设置默认切换等多种基本操作。下面对转场特技设置进行讲解。

3.1.1　课堂案例——森系女孩

【案例学习目标】使用默认转场切换制作图像转场效果。

【案例知识要点】按 Ctrl+D 组合键添加转场默认效果，森系女孩效果如图 3-1 所示。

【效果所在位置】Ch03\森系女孩\森系女孩. prproj。

图 3-1

1. 新建项目

（1）启动 Premiere Pro CC 2018 软件，弹出"开始"界面，单击"新建项目"按钮 新建项目... ，弹出"新建项目"对话框，设置"位置"选项，选择保存文件的路径，在"名称"文本框中输入文件名"森系女孩"，如图 3-2 所示，单击"确定"按钮，完成项目的创建。按 Ctrl+N 组合键，弹出"新建序列"对话框，在左侧的列表中展开"DV-PAL"选项，选中"标准 48kHz"模式，如图 3-3 所示，单击"确定"按钮，完成序列的创建。

（2）选择"文件 > 导入"命令，弹出"导入"对话框，选择本书学习资源中的"Ch03\森系女孩\素材\01～04"文件，如图 3-4 所示，单击"打开"按钮，导入文件。导入后的文件排列在"项目"面板中，如图 3-5 所示。

图 3-2　　　　　　　　　　　　　　　　　　图 3-3

图 3-4　　　　　　　　　　　　　　　　图 3-5

2．添加转场效果

（1）按住 Ctrl 键，在"项目"面板中分别选中"01、02、03 和 04"文件，并将其拖曳到"时间轴"面板中的"视频 1"轨道上，如图 3-6 所示。将时间标签放置在 00:00:05:00 的位置，如图 3-7所示。

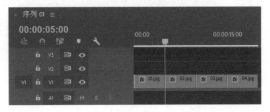

图 3-6　　　　　　　　　　　　　　　　　图 3-7

（2）按 Ctrl+D 组合键，在"01"文件的结尾处与"02"文件的开始位置添加一个默认的转场效果，如图 3-8 所示。在"节目"面板中预览效果，如图 3-9 所示。

（3）将时间标签放置在"03"文件的开始位置，按 Ctrl+D 组合键，在"02"文件的结尾处与"03"文件的开始位置添加一个默认的转场效果，如图 3-10 所示。在"节目"面板中预览效果，如图 3-11所示。

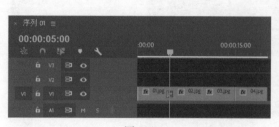

图 3-8 图 3-9

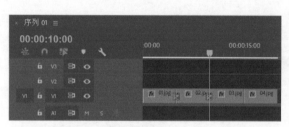

图 3-10 图 3-11

（4）用相同的制作方法在"03"文件的结尾处与"04"文件的开始位置添加一个默认的转场效果，如图 3-12 所示。森系女孩制作完成，如图 3-13 所示。

图 3-12 图 3-13

3.1.2 使用镜头切换

一般情况下，在同一轨道的两个相邻素材之间使用切换。当然，也可以单独为一个素材应用切换，这时素材与其下方的轨道进行切换，但是下方的轨道只是作为背景使用，并不能被切换控制，如图 3-14 所示。

为影片添加切换后，可以改变切换的长度。最简单的方法是在序列中选中切换，拖曳切换的边缘即可；还可以双击切换，打开"效果控件"对话框，在该对话框中对切换进行进一步调整，如图 3-15 所示。

图 3-14　　　　　　　　　　　　　　　图 3-15

3.1.3　调整切换区域

在右侧的时间轴区域里，可以设置切换的长度和位置，如图 3-16 所示。与"时间轴"面板中只显示入点和出点的影片不同，"效果控件"面板的时间轴中会显示影片的完整长度，这样设置的优点是可以随时修改影片参与切换的位置。

图 3-16

将鼠标光标移动到影片上，按住鼠标左键拖曳，即可移动影片的位置，改变切换的影响区域。

将鼠标光标移动到切换中线上，按住鼠标左键拖曳，可以改变切换位置，如图 3-17 所示。还可以将鼠标光标移动到切换上，拖曳鼠标改变位置，如图 3-18 所示。

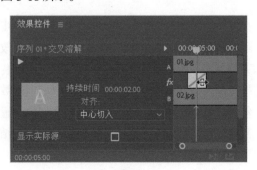

图 3-17　　　　　　　　　　　　　　　图 3-18

左边的"对齐"下拉列表提供了以下几种切换对齐方式。

（1）"中心切入"：将切换添加到两个剪辑的中间部分，如图 3-19 和图 3-20 所示。

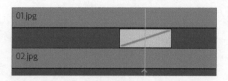

图 3-19　　　　　　　　　　　　　　　　图 3-20

（2）"起点切入"：以片段 B 的入点位置为准建立切换，如图 3-21 和图 3-22 所示。

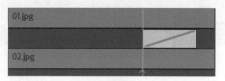

图 3-21　　　　　　　　　　　　　　　　图 3-22

（3）"终点切入"：将切换点添加到第一个剪辑的结尾处，如图 3-23 和图 3-24 所示。

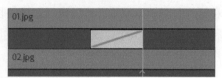

图 3-23　　　　　　　　　　　　　　　　图 3-24

（4）"自定义起点"：表示可以通过自定义添加设置。

将鼠标光标移动到切换边缘，拖曳鼠标可以改变切换的长度，如图 3-25 和图 3-26 所示。

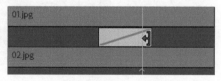

图 3-25　　　　　　　　　　　　　　　　图 3-26

3.1.4　切换设置

在左边的切换设置中，可以对切换进行进一步的设置。

默认情况下，切换都是从 A 到 B 完成的。要改变切换开始和结束的状态，可拖曳"开始"和"结束"滑块。按住 Shift 键并拖曳滑块，可以使开始和结束滑块以相同的数值变化。

勾选"显示实际源"复选框，可以在切换设置对话框上方的"开始"和"结束"面板中显示切换的开始和结束帧，如图 3-27 所示。

在对话框的左上方单击▶按钮，可以在小视窗中预览切换效果，如图 3-28 所示。对于某些有方向性的切换来说，可以在上方小视窗中单击箭头改变切换的方向。

图 3-27

某些切换具有位置的变换性质，如出入屏的时候，如果想要画面从屏幕的某个位置开始到某个位置结束，可以在切换的开始和结束显示框中调整位置。

在对话框上方的"持续时间"栏中可以输入切换的持续时间，这与拖曳切换边缘改变长度是相同的。

图 3-28

3.1.5 设置默认切换

选择"编辑 > 首选项 > 时间轴"命令，在弹出的"首选项"对话框中进行切换的默认设置。

可以将当前选定的切换设为默认切换，这样在使用如自动导入这样的功能时，所建立的都是该切换。此外，还可以分别设定视频和音频切换的默认时间，如图 3-29 所示。

图 3-29

3.2 高级转场特技

Premiere Pro CC 2018 将各种转换特效根据不同的类型分别放在"效果"面板的"视频特效"文件夹下的子文件夹中，用户可以根据使用的转换类型进行查找。

3.2.1 课堂案例——花开时节

【案例学习目标】编辑图像的划像特效，制作图像转场。

【案例知识要点】使用"盒形划像"特效制作图像盒子状切换效果，使用"随机擦除"特效制作图像随机块切换效果，使用"交叉缩放"特效制作图像交叉缩放切换效果，花开时节效果如图 3-30 所示。

【效果所在位置】Ch03\花开时节\花开时节.prproj。

图 3-30

1. 新建项目与导入视频

（1）启动 Premiere Pro CC 2018 软件，弹出"开始"界面，单击"新建项目"按钮 新建项目...，弹出"新建项目"对话框，设置"位置"选项，选择保存文件的路径，在"名称"文本框中输入文件名"花开时节"，如图 3-31 所示，单击"确定"按钮，完成项目的创建。按 Ctrl+N 组合键，弹出"新建序列"对话框，在左侧的列表中展开"DV-PAL"选项，选中"标准 48kHz"模式，如图 3-32 所示，单击"确定"按钮，完成序列的创建。

图 3-31　　　　　　　　　　　　　　　　　　　图 3-32

（2）选择"文件 > 导入"命令，弹出"导入"对话框，选择本书学习资源中的"Ch03\花开时节素材\01 ~ 04"文件，如图 3-33 所示，单击"打开"按钮，导入文件。导入后的文件排列在"项目"面板中，如图 3-34 所示。

图 3-33　　　　　　　　　　　　　　　　图 3-34

（3）按住 Ctrl 键，在"项目"面板中分别选中"01、02、03 和 04"文件并将其拖曳到"时间轴"面板中的"视频 1"轨道上，如图 3-35 所示。

图 3-35

2. 制作视频转场特效

（1）选择"窗口 > 效果"命令，弹出"效果"面板，展开"视频过渡"特效分类选项，单击"划像"文件夹左侧的三角形按钮 将其展开，选中"盒形划像"特效，如图 3-36 所示。将"盒形划像"特效拖曳到"时间轴"面板"视频 1"轨道中的"01"文件的结尾处与"02"文件的开始位置，如图 3-37 所示。

（2）在"效果"面板中，展开"视频过渡"特效分类选项，单击"擦除"文件夹左侧的三角形按钮 将其展开，选中"随机擦除"特效，如图 3-38 所示。

图 3-36　　　　　　　　　　　图 3-37　　　　　　　　　　　图 3-38

（3）将"随机擦除"特效拖曳到"时间轴"面板"视频 1"轨道中的"02"文件的结尾处与"03"文件的开始位置，如图 3-39 所示。在"效果"面板中，展开"视频过渡"特效分类选项，单击"缩放"文件夹左侧的三角形按钮 将其展开，选中"交叉缩放"特效，如图 3-40 所示。将"交叉缩放"特效拖曳到"时间轴"面板"视频 1"轨道中的"03"文件的结尾处与"04"文件的开始位置，如图 3-41 所示。

图 3-39   图 3-40   图 3-41

（4）花开时节制作完成，如图 3-42 所示。

图 3-42

3.2.2 3D 运动

"3D 运动"文件夹包含 2 种三维运动效果的场景切换。

1. 立方体旋转

"立方体旋转"特效可以使影片 A 和影片 B 如同立方体的两个面一样过渡转换，效果如图 3-43 和图 3-44 所示。

图 3-43   图 3-44

2. 翻转

"翻转"特效使影片 A 翻转到影片 B。在"效果控件"面板中单击"自定义"按钮，弹出"翻转设置"对话框，如图 3-45 所示。

带：输入空翻的影像数量。带的最大数值为 8。

填充颜色：设置空白区域的颜色。

"翻转"切换转场效果如图 3-46 和图 3-47 所示。

图 3-45　　　　　图 3-46　　　　　图 3-47

3.2.3　划像

"划像"文件夹包含 4 种视频转换特效。

1．交叉划像

"交叉划像"特效使影片 B 呈十字形从影片 A 中展开，效果如图 3-48 和图 3-49 所示。

图 3-48　　　　　　　　图 3-49

2．圆划像

"圆划像"特效使影片 B 呈圆形从影片 A 中展开，效果如图 3-50 和图 3-51 所示。

图 3-50　　　　　　　　图 3-51

3．盒形划像

"盒形划像"特效使影片 B 呈矩形从影片 A 中展开，效果如图 3-52 和图 3-53 所示。

图 3-52　　　　　　　　图 3-53

4. 菱形划像

"菱形划像"特效使影片 B 呈菱形从影片 A 中展开，效果如图 3-54 和图 3-55 所示。

图 3-54   图 3-55

3.2.4 擦除

"擦除"文件夹共包含 17 种切换的视频转场特效。

1. 划出

"划出"特效使影片 B 逐渐扫过影片 A，效果如图 3-56 和图 3-57 所示。

图 3-56   图 3-57

2. 双侧平推门

"双侧平推门"特效使影片 A 以展开和关门的方式过渡到影片 B，效果如图 3-58 和图 3-59 所示。

图 3-58   图 3-59

3. 带状擦除

"带状擦除"特效使影片 B 从水平方向以条状进入并覆盖影片 A，效果如图 3-60 和图 3-61 所示。

图 3-60　　　　　　　　　　　　　图 3-61

4．径向擦除

"径向擦除"特效使影片 B 从影片 A 的一角扫入画面，效果如图 3-62 和图 3-63 所示。

图 3-62　　　　　　　　　　　　　图 3-63

5．插入

"插入"特效使影片 B 从影片 A 的左上角斜插入画面，效果如图 3-64 和图 3-65 所示。

图 3-64　　　　　　　　　　　　　图 3-65

6．时钟式擦除

"时钟式擦除"特效使影片 A 以时钟放置方式过渡到影片 B，效果如图 3-66 和图 3-67 所示。

图 3-66　　　　　　　　　　　　　图 3-67

7. 棋盘

"棋盘"特效使影片 A 以棋盘消失方式过渡到影片 B，效果如图 3-68 和图 3-69 所示。

图 3-68   图 3-69

8. 棋盘擦除

"棋盘擦除"特效使影片 B 以方格形式逐行出现覆盖影片 A，效果如图 3-70 和图 3-71 所示。

图 3-70   图 3-71

9. 楔形擦除

"楔形擦除"特效使影片 B 呈扇形打开扫入，效果如图 3-72 和图 3-73 所示。

图 3-72   图 3-73

10. 水波块

"水波块"特效使影片 B 沿 "Z" 字形交错扫过影片 A。在 "效果控件" 面板中单击 "自定义" 按钮，弹出 "水波块设置" 对话框，如图 3-74 所示。

水平：输入水平方向的方格数量。

垂直：输入垂直方向的方格数量。

"水波块"切换特效如图 3-75 和图 3-76 所示。

图 3-74　　　　　　　　　　图 3-75　　　　　　　　　　图 3-76

11．油漆飞溅

"油漆飞溅"特效使影片 B 以墨点状覆盖影片 A，效果如图 3-77 和图 3-78 所示。

图 3-77　　　　　　　　　　　　　图 3-78

12．渐变擦除

"渐变擦除"特效可以用一张灰度图像制作渐变切换。在渐变切换中，影片 A 充满灰度图像的黑色区域，然后通过每一个灰度开始显示进行切换，直到白色区域完全透明。

在"效果控件"面板中单击"自定义"按钮，弹出"渐变擦除设置"对话框，如图 3-79 所示。

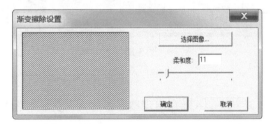

图 3-79

选择图像：单击此按钮，可以选择作为灰度图的图像。

柔和度：设置过渡边缘的羽化程度。

"渐变擦除"切换特效如图 3-80 和图 3-81 所示。

图 3-80　　　　　　　　　　　　图 3-81

71

13. 百叶窗

"百叶窗"特效使影片 B 在逐渐加粗的线条中逐渐显示，类似于百叶窗效果，效果如图 3-82 和图 3-83 所示。

图 3-82 　　　　　　　　　　　　　　　图 3-83

14. 螺旋框

"螺旋框"特效使影片 B 以螺纹块状旋转出现。在"效果控件"面板中单击"自定义"按钮，弹出"螺旋框设置"对话框，如图 3-84 所示。

水平：输入水平方向的方格数量。

垂直：输入垂直方向的方格数量。

"螺旋框"切换效果如图 3-85 和图 3-86 所示。

图 3-84 　　　　　　　　　图 3-85 　　　　　　　　　图 3-86

15. 随机块

"随机块"特效使影片 B 以方块形式随意出现覆盖影片 A，效果如图 3-87 和图 3-88 所示。

图 3-87 　　　　　　　　　　　　　　　图 3-88

16. 随机擦除

"随机擦除"特效使影片 B 产生随意方块，以由上向下擦除的形式覆盖影片 A，效果如图 3-89 和图 3-90 所示。

图 3-89　　　　　　　　　　　　　图 3-90

17．风车

"风车"特效使影片 B 以风车轮状旋转覆盖影片 A，效果如图 3-91 和图 3-92 所示。

图 3-91　　　　　　　　　　　　　图 3-92

3.2.5　沉浸式视频

"沉浸式视频"文件夹共包含 8 种切换的视频转场特效。

1．VR 光圈擦除

"VR 光圈擦除"特效使影片 B 以逐渐放大的光圈擦除影片 A，效果如图 3-93 和图 3-94 所示。

图 3-93　　　　　　　　　　　　　图 3-94

2．VR 光线

"VR 光线"特效使影片 A 逐渐变为强光线，最后淡化为影片 B，效果如图 3-95 和图 3-96 所示。

图 3-95　　　　　　　　　　　　　图 3-96

3. VR 渐变擦除

"VR 渐变擦除"特效使影片 B 作为渐变逐渐擦除影片 A，效果如图 3-97 和图 3-98 所示。

图 3-97 图 3-98

4. VR 漏光

"VR 漏光"特效使影片 A 逐渐变亮淡化为影片 B，效果如图 3-99 和图 3-100 所示。

图 3-99 图 3-100

5. VR 球形模糊

"VR 球形模糊"特效使影片 A 以球形模糊的形式逐渐淡化为影片 B，效果如图 3-101 和图 3-102 所示。

图 3-101 图 3-102

6. VR 色度泄漏

"VR 色度泄漏"特效使影片 A 以色度泄漏的形式逐渐淡化为影片 B，效果如图 3-103 和图 3-104 所示。

图 3-103 图 3-104

7. VR 随机块

"VR 随机块"特效使影片 B 以方块的形式随意出现覆盖影片 A，效果如图 3-105 和图 3-106 所示。

图 3-105   图 3-106

8. VR 默比乌斯缩放

"VR 默比乌斯缩放"特效使影片 B 以默比乌斯缩放的方式逐渐覆盖影片 A，效果如图 3-107 和图 3-108 所示。

图 3-107   图 3-108

3.2.6　溶解

"溶解"文件夹共包含 7 种溶解效果的视频转场特效。

1. MorphCut

"MorphCut"特效可以对影片 A、B 进行画面分析，在转场过程中产生无缝连接的效果，多用于特写镜头，对快速运动、复杂变化的影像效果有限。

2. 交叉溶解

"交叉溶解"特效使影片 A 渐隐为影片 B，效果如图 3-109 和图 3-110 所示。该切换为标准的淡入淡出切换。在支持 Premiere Pro CC 2018 的双通道视频卡上，该切换可以实现实时播放。

图 3-109   图 3-110

3．叠加溶解

"叠加溶解"特效使影片 A 以加亮模式渐隐为影片 B，效果如图 3-111 和图 3-112 所示。

图 3-111   图 3-112

4．渐隐为白色

"渐隐为白色"特效使影片 A 以变亮的模式渐隐为影片 B，效果如图 3-113 和图 3-114 所示。

图 3-113   图 3-114

5．渐隐为黑色

"渐隐为黑色"特效使影片 A 以变暗的模式渐隐为影片 B，效果如图 3-115 和图 3-116 所示。

图 3-115   图 3-116

6．胶片溶解

"胶片溶解"特效使影片 A 以胶片形式渐隐于影片 B，效果如图 3-117 和图 3-118 所示。

图 3-117   图 3-118

7．非叠加溶解

"非叠加溶解"特效使影片 A 的明亮度映射到影片 B，效果如图 3-119 和图 3-120 所示。

图 3-119　　　　　　　　　　图 3-120

3.2.7　滑动

"滑动"文件夹共包含 5 种视频切换效果。

1．中心拆分

"中心拆分"特效使影片 A 从中心分裂为 4 块，向四角滑出，效果如图 3-121 和图 3-122 所示。

图 3-121　　　　　　　　　　图 3-122

2．带状滑动

"带状滑动"特效使影片 B 以条状进入并逐渐覆盖影片 A。双击效果，在"效果控件"面板中单击"自定义"按钮，弹出"带状滑动设置"对话框，如图 3-123 所示。

带数量：用于设置切换带的数量。

"带状滑动"转换特效效果如图 3-124 和图 3-125 所示。

图 3-123　　　　　　图 3-124　　　　　　图 3-125

3．拆分

"拆分"特效使影片 A 像自动门一样打开露出影片 B，效果如图 3-126 和图 3-127 所示。

图 3-126   图 3-127

4．推

"推"特效使影片 B 将影片 A 推出屏幕，效果如图 3-128 和图 3-129 所示。

图 3-128   图 3-129

5．滑动

"滑动"特效使影片 B 滑入覆盖影片 A，效果如图 3-130 和图 3-131 所示。

图 3-130   图 3-131

3.2.8   缩放

缩放视频特效只包含"交叉缩放"，主要以缩放方式过渡视频。

该特效使影片 A 放大冲出，影片 B 缩小进入，效果如图 3-132 和图 3-133 所示。

图 3-132   图 3-133

3.2.9 页面剥落

"页面剥落"文件夹共有 2 种视频切换效果。

1. 翻页

"翻页"特效使影片 A 从左上角向右下角卷动,露出影片 B,效果如图 3-134 和图 3-135 所示。

图 3-134　　　　　　　　　　　图 3-135

2. 页面剥落

"页面剥落"特效使影片 A 像纸一样翻面卷起,露出影片 B,如图 3-136 和图 3-137 所示。

图 3-136　　　　　　　　　　　图 3-137

课堂练习——可爱儿童

【练习知识要点】使用"油漆飞溅"特效、"棋盘擦除"特效和"翻页"特效制作图像切换效果,使用"效果控件"面板设置切换时间,可爱儿童效果如图 3-138 所示。

【效果所在位置】Ch03\可爱儿童\可爱儿童. prproj。

图 3-138

图 3-138（续）

课后习题——海底世界

【习题知识要点】使用"导入"命令导入视频文件，使用"水波块"特效、"VR 球形模糊"特效、"VR 默比乌斯缩放"特效制作视频之间的切换效果，海底世界效果如图 3-139 所示。

【效果所在位置】Ch03\海底世界\海底世界. prproj。

图 3-139

第 **4** 章　视频特效应用

本章介绍

本章主要讲解 Premiere Pro CC 中的视频特效，这些特效可以应用在视频、图片和文字上。通过对本章的学习，读者可快速了解并掌握视频特效制作的精髓，从而创作出丰富多彩的视觉效果。

学习目标

- 了解应用视频特效。
- 了解使用关键帧控制效果。
- 熟练掌握视频特效与特效操作。

技能目标

- 熟练掌握"飘落的树叶"的制作方法。
- 熟练掌握"峡谷镜像"的制作方法。
- 熟练掌握"立体相框"的制作方法。
- 熟练掌握"彩色浮雕效果"的制作方法。

4.1　应用视频特效

为素材添加一个效果很简单，只需从"效果"面板中拖曳一个特效到"时间轴"面板中的素材片段上即可。如果素材片段处于被选中状态，也可以拖曳效果到该片段的"效果控件"面板中。

4.2　使用关键帧控制效果

在 Premiere Pro CC 中，可以添加、选择和编辑关键帧，下面对关键帧的基本操作进行具体介绍。

4.2.1　关于关键帧

要使效果随时间而改变，可以使用关键帧技术。当创建了一个关键帧后，就可以指定一个效果属性在确切的时间点上的值。当为多个关键帧赋予不同的值时，Premiere Pro CC 会自动计算关键帧之间的值，这个处理过程称为"插补"。对于大多数标准效果，都可以在素材的整个时间长度中设置关键帧。对于固定效果，如位置和缩放，可以设置关键帧，使素材产生动画，也可以移动、复制或删除关键帧和改变插补的模式。

4.2.2　激活关键帧

为了设置动画效果属性，必须激活属性的关键帧。任何支持关键帧的效果属性都包括"切换动画"按钮 ⏱，单击该按钮可插入一个关键帧。插入关键帧（即激活关键帧）后，就可以添加和调整素材所需要的属性，效果如图 4-1 所示。

图 4-1

4.3　视频特效与特效操作

在认识了视频特效的基本使用方法之后，下面将对 Premiere Pro CC 中的各视频特效进行详细的讲解。

4.3.1　课堂案例——飘落的树叶

【案例学习目标】编辑图与图之间的过渡关键帧。

【案例知识要点】使用"位置""缩放"和"旋转"选项编辑树叶的位置、大小和角度，使用"锐化"特效调整图像的清晰度，使用"颜色平衡"命令调整图像的颜色，飘落的树叶效果如图 4-2 所示。

【效果所在位置】Ch04\飘落的树叶\飘落的树叶. prproj。

图 4-2

1. 新建项目与导入素材

（1）启动 Premiere Pro CC 软件，弹出"开始"界面，单击"新建项目"按钮 新建项目...，弹出"新建项目"对话框，设置"位置"选项，选择保存文件的路径，在"名称"文本框中输入文件名"飘落的树叶"，如图 4-3 所示，单击"确定"按钮，完成项目的创建。按 Ctrl+N 组合键，弹出"新建序列"对话框，在左侧的列表中展开"DV-PAL"选项，选中"标准 48kHz"模式，如图 4-4 所示，单击"确定"按钮，完成序列的创建。

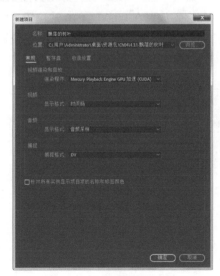

图 4-3　　　　　　　　　　　　　　　　　　图 4-4

（2）选择"文件 > 导入"命令，弹出"导入"对话框，选择本书学习资源中的"Ch04\飘落的树叶\素材\ 01 和 02"文件，如图 4-5 所示，单击"打开"按钮，导入文件。导入后的文件排列在"项目"面板中，如图 4-6 所示。

图 4-5   图 4-6

（3）在"项目"面板中选中"01"文件，并将其拖曳到"时间轴"面板中的"视频 1"轨道上，如图 4-7 所示。将时间标签放置在 00:00:06:00 的位置，将鼠标光标放在"01"文件的尾部，当鼠标光标呈 状时，向右拖曳鼠标到 00:00:06:00 的位置，如图 4-8 所示。

图 4-7   图 4-8

（4）将时间标签放置在 00:00:01:00 的位置，在"项目"面板中选中"02"文件并将其拖曳到"时间轴"面板中的"视频 2"轨道上，如图 4-9 所示。将时间标签放置在 00:00:04:10 的位置，将鼠标光标放在"02"文件的结束位置，当鼠标光标呈 状时，向左拖曳鼠标到 00:00:04:10 的位置，如图 4-10 所示。

图 4-9   图 4-10

2．编辑树叶动画

（1）在"时间轴"面板中选中"视频 1"轨道中的"01"文件，选择"窗口 > 效果控件"命令，弹出"效果控件"面板，展开"运动"选项，将"缩放"选项设为 35.0，如图 4-11 所示。在"节目"面板中预览效果，如图 4-12 所示。

（2）在"时间轴"面板中选中"视频 1"轨道中的"02"文件，将时间标签放置在 00:00:01:00 的位置，在"效果控件"面板中，展开"运动"选项，将"位置"选项设置为 650.7 和 52.3，"缩放"选项设置为 12.0，"旋转"选项设为 -12.6°，分别单击"位置""缩放"和"旋转"选项左侧的"切换动画"按钮 ，如图 4-13 所示，记录第 1 个动画关键帧。

（3）将时间标签放置在 00:00:02:00 的位置，在"效果控件"面板中，将"位置"选项设置为 525.6 和 102.2，"缩放"选项设置为 13.0，"旋转"选项设为 - 5.0°，如图 4-14 所示，记录第 2 个动画关键帧。

图 4-11　　　　　　　　　　　　　　　　图 4-12

图 4-13　　　　　　　　　　　　　　　　图 4-14

（4）将时间标签放置在 00:00:03:00 的位置，在"效果控件"面板中，将"位置"选项设置为 329.3 和 339.1，"缩放"选项设置为 15.0，"旋转"选项设为 40.0°，如图 4-15 所示，记录第 3 个动画关键帧。将时间标签放置在 00:00:04:00 的位置，在"效果控件"面板中，将"位置"选项设置为 123.7 和 459.0，"缩放"选项设为 18.0，如图 4-16 所示，记录第 4 个动画关键帧。

图 4-15　　　　　　　　　　　　　　　　图 4-16

（5）将时间标签放置在 00:00:04:10 的位置，在"效果控件"面板中，将"位置"选项设为 35.7 和 615.0，如图 4-17 所示，记录第 5 个动画关键帧。将时间标签放置在 00:00:03:09 的位置，在"效果控件"面板中，将"旋转"选项设为 0°，如图 4-18 所示，记录第 4 个动画关键帧。

图 4-17　　　　　　　　　　　　　　　　　　图 4-18

（6）将时间标签放置在 00:00:03:22 的位置，在"效果控件"面板中，将"旋转"选项设为 - 10.0°，如图 4-19 所示，记录第 5 个动画关键帧。将时间标签放置在 00:00:04:10 的位置，在"效果控件"面板中，将"旋转"选项设为 0°，如图 4-20 所示，记录第 6 个动画关键帧。

图 4-19　　　　　　　　　　　　　　　　　　图 4-20

（7）将时间标签放置在 00:00:03:17 的位置，选择"窗口 > 效果"命令，弹出"效果"面板，展开"视频效果"分类选项，单击"模糊与锐化"文件夹左侧的三角形按钮 将其展开，选中"锐化"特效，如图 4-21 所示。将"锐化"特效拖曳到"时间轴"面板中"视频 2"轨道的"02"文件上，如图 4-22 所示。

图 4-21　　　　　　　　　　　　　　图 4-22

（8）在"效果控件"面板中，展开"锐化"特效并进行参数设置，如图 4-23 所示。在"节目"面板中预览效果，如图 4-24 所示。

图 4-23　　　　　　　　　　　　　　　　图 4-24

（9）在"效果"面板中，展开"视频效果"分类选项，单击"颜色校正"文件夹左侧的三角形按钮 将其展开，选中"颜色平衡"特效，如图 4-25 所示。将"颜色平衡"特效拖曳到"时间轴"面板中"视频 2"轨道的"02"文件上，如图 4-26 所示。

图 4-25　　　　　　　　　　　　　　　　图 4-26

（10）在"效果控件"面板中，展开"颜色平衡"特效并进行参数设置，如图 4-27 所示。在"节目"面板中预览效果，如图 4-28 所示。

图 4-27　　　　　　　　　　　　　　　　图 4-28

（11）在"时间轴"面板中选中"视频 2"轨道中的"02"文件，按 Ctrl+C 组合键，复制"视频 2"轨道中的"02"文件，同时锁定"视频 2""视频 1"轨道。将时间标签放置在 00:00:02:00 的位置，如图 4-29 所示。按 Ctrl+V 组合键，将复制的"02"文件粘贴到"视频 3"轨道上，如图 4-30 所示。

（12）飘落的树叶制作完成，如图 4-31 所示。

图 4-29 　　　　　　　　　　　　　　　　　图 4-30

图 4-31

4.3.2　模糊与锐化视频特效

模糊与锐化视频特效主要针对镜头画面锐化或模糊进行处理，共包含 7 种特效。

1．复合模糊

该特效主要通过模拟摄像机快速变焦和旋转镜头来产生具有视觉冲击力的模糊效果。应用该特效后，其参数面板如图 4-32 所示。

模糊图层：单击按钮 视频 1 ，在弹出的列表中选择要模糊的视频轨道，如图 4-33 所示。

最大模糊：对模糊的数值进行调节。

伸缩对应图以适应：勾选此复选框，可以对使用模糊效果的影片画面进行拉伸处理。

反转模糊：用于对当前设置的效果反转，即模糊反转。

应用"复合模糊"特效前、后的效果如图 4-34 和图 4-35 所示。

图 4-32

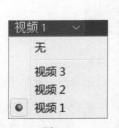

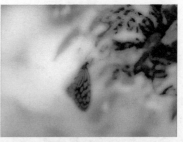

图 4-33 　　　　　　　图 4-34 　　　　　　　图 4-35

2．方向模糊

该特效可以在图像中产生一个方向性的模糊效果，使素材产生一种幻觉运动特效。应用该特效后，其参数面板如图 4-36 所示。

方向：用于设置模糊方向。

模糊长度：用于设置图像虚化的程度，拖曳滑块调整数值，其数值范围在 0 ~ 20。当需要用到高于 20 的数值时，可以单击选项右侧带下划线的数值，将参数文本框激活，然后输入需要的数值。

应用"方向模糊"特效前、后的效果如图 4-37 和图 4-38 所示。

图 4-36　　　　　　　　　图 4-37　　　　　　　　　图 4-38

3．相机模糊

该特效可以产生图像离开摄像机焦点范围时所产生的"虚焦"效果。应用该特效后，面板如图 4-39 所示。

可以调整面板中的参数对该特效效果进行设置，直到满意为止。在面板中单击"设置"按钮，弹出"相机模糊设置"对话框，对图像进行设置，如图 4-40 所示，设置完成后，单击"确定"按钮。

应用"相机模糊"特效前、后的图像效果如图 4-41 和图 4-42 所示。

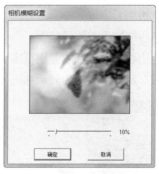

图 4-39　　　　　　　　　　　　　　图 4-40

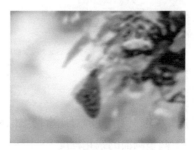

图 4-41　　　　　　　　　　　　　　图 4-42

4．通道模糊

"通道模糊"特效可以对素材的红、绿、蓝和 Alpha 通道分别进行模糊，还可以指定模糊的方向是水平、垂直或双向。使用这个特效可以创建辉光效果，或将一个图层的边缘附近变得不透明。

在"效果控件"面板中可以设置特效的参数，如图 4-43 所示。

红色模糊度：设置红色通道的模糊程度。

绿色模糊度：设置绿色通道的模糊程度。

蓝色模糊度：设置蓝色通道的模糊程度。

Alpha 模糊度：设置 Alpha 通道的模糊程度。

边缘特性：勾选"重复边缘像素"复选框，可以使图像的边缘更加透明化。

模糊维度：控制图像的模糊方向，包括水平和垂直、水平及垂直 3 种方式。

应用"通道模糊"特效前、后的效果如图 4-44 和图 4-45 所示。

图 4-43   图 4-44   图 4-45

5．钝化蒙版

运用该特效，可以调整图像的色彩锐化程度。应用该特效后，其参数面板如图 4-46 所示。

数量：设置颜色边缘差别值大小。

半径：设置颜色边缘产生差别的范围。

阈值：设置颜色边缘之间允许的差别范围，值越小，效果越明显。

应用"钝化蒙版"特效前、后的效果如图 4-47 和图 4-48 所示。

图 4-46   图 4-47   图 4-48

6．锐化

该特效通过增加相邻像素间的对比度使图像清晰化。应用该特效后，其参数面板如图 4-49 所示。

锐化量：用于调整画面的锐化程度。

应用"锐化"特效前、后的效果如图 4-50 和图 4-51 所示。

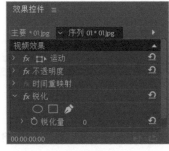

图 4-49

图 4-50

图 4-51

7．高斯模糊

该特效可以大幅度地模糊图像，使其产生虚化的效果。应用该特效后，其参数面板如图 4-52 所示。

模糊度：用于调节控制影片的模糊程度。

模糊尺寸：控制图像的模糊尺寸，包括水平和垂直、水平及垂直 3 种方式。

应用"高斯模糊"特效前、后的效果如图 4-53 和图 4-54 所示。

图 4-52

图 4-53

图 4-54

4.3.3　Obsolete 视频特效

Obsolete 视频特效只包含"快速模糊"，主要针对镜头画面进行快速模糊。

该特效可以指定画面的模糊程度，同时可以指定水平、垂直或两个方向的模糊程度。在模糊图像时，它比使用"高斯模糊"处理速度快。应用该特效后，其参数面板如图 4-55 所示。

模糊度：用于调节控制影片的模糊程度。

模糊维度：控制图像的模糊尺寸，包括水平、垂直、水平和垂直 3 种方式。

应用"快速模糊"特效前、后的效果如图 4-56 和图 4-57 所示。

图 4-55

图 4-56

图 4-57

4.3.4　通道视频特效

通道视频特效可以对素材的通道进行处理，实现图像颜色、色调、饱和度和亮度等颜色属性的改变，共有 7 种特效。

1．反转

该特效将图像的颜色进行反色显示，使处理后的图像看起来像照片的底片，应用该特效前、后的效果如图 4-58 和图 4-59 所示。

图 4-58　　　　　　　　　　　　　　　　图 4-59

2．复合运算

该特效与"混合"特效类似，都是将两个重叠素材的颜色相互组合在一起。应用该特效后，其参数面板如图 4-60 所示。

第二个源图层：用于当前操作中指定原始的图层。

运算符：选择两个素材混合模式。

在通道上运算：选择混合素材进行操作的通道。

溢出特性：选择两个素材混合后颜色允许的范围。

伸缩第二个源以适合：当素材与混合素材大小相同时，不勾选该复选框，混合素材与原素材将无法对齐重合。

图 4-60

与原始图像混合：设置混合素材的透明值。

应用"复合算法"特效前、后的效果如图 4-61、图 4-62 和图 4-63 所示。

图 4-61　　　　　　　　　　图 4-62　　　　　　　　　　图 4-63

3．混合

该特效是将两个通道中的图像按指定方式进行混合，从而达到改变图像色彩的效果。应用该特效后，其参数面板如图 4-64 所示。

与图层混合：选择重叠对象所在的视频轨道。

模式：选择两个素材混合的部分。

与原始图像混合：设置所选素材与原素材混合值，值越小，效果越明显。

如果图层大小不同：图层的尺寸不同时，该选项可对图层的对齐方式进行设置。

应用"混合"特效前、后的效果如图 4-65、图 4-66 和图 4-67 所示。

图 4-64

图 4-65

图 4-66

图 4-67

4．算术

算术特效提供了各种用于图像通道的简单数学运算。应用该特效后，其参数面板如图 4-68 所示。

运算符：用于选择一种计算机的颜色。

红色值：设置图片要进行计算的红色值。

绿色值：设置图片要进行计算的绿色值。

蓝色值：设置图片要进行计算的蓝色值。

剪切结果值：裁剪计算得出的数值，创造有效的范围彩色数值。如果不勾选该复选框，一些彩色值可能会在计算时超出彩色数值范围。

应用"算术"特效前、后的效果如图 4-69 和图 4-70 所示。

图 4-68

图 4-69

图 4-70

5．纯色合成

该特效可以将一种颜色填充合成图像，放置在原始素材的后面。应用该特效后，其参数面板如图 4-71 所示。

源不透明度：用于指定素材层的不透明度。

颜色：用于设置新填充图像的颜色。

不透明度：控制新填充图像的不透明度。

混合模式：设置素材层和填充图像以何种方式混合。

应用"纯色合成"特效前、后的效果如图 4-72、图 4-73 和图 4-74 所示。

图 4-71

图 4-72

图 4-73

图 4-74

6. 计算

该特效通过通道混合进行颜色调整。应用该特效后，其参数面板如图 4-75 所示。

输入：设置原素材显示。

输入通道：选择需要显示的通道，其中各选项如下。

（1）RGBA：正常输入所有通道。

（2）灰色：呈灰色显示原来的 RGBA 图像的亮度。

（3）红色、绿色、蓝色、Alpha 通道：选择对应的通道，显示对应通道。

反转输入：将"输入通道"中选择的通道反向显示。

第二个源：设置与原素材混合的素材。

第二个图层：选择与原素材混合素材所在的视频轨道。

图 4-75

第二个图层通道：选择与原素材混合显示的通道。其下方选项的作用与"输入"设置框中的"输入通道"相同。

第二个图层不透明度：设置与原素材混合素材的不透明度值。

反转第二个图层：与"反相输入"作用相同，但这里指的是与原素材混合的素材。

伸缩第二个图层以适合：当混合素材小于原素材，勾选该复选框，将在显示最终效果时放大混合素材。

混合模式：用于设置原素材与第二信号源的多种混合模式。

保持透明度：确保被影响素材的透明度不被修改。

应用"计算"特效前、后的效果如图 4-76、图 4-77 和图 4-78 所示。

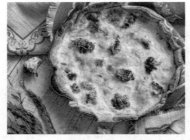

图 4-76　　　　　　　　　　图 4-77　　　　　　　　　　图 4-78

7．设置遮罩

以当前层的 Alpha 通道取代指定层的 Alpha 通道，使之产生运动屏蔽的效果。应用该特效后，其参数面板如图 4-79 所示。

从图层获取遮罩：该选项用于指定作为蒙版的图层。

用于遮罩：选择指定的蒙版层用于效果处理的通道。

反转遮罩：反转蒙版层的透明度。

伸缩遮罩以适合：用于放大或缩小屏蔽层的尺寸，使之与当前层适配。

将遮罩与原始图像合成：使当前层合成新的蒙版，而不是替换原始素材层。

图 4-79

预乘遮罩图层：勾选该复选框，软化蒙版层素材的边缘。

应用"设置遮罩"特效前、后的效果如图 4-80、图 4-81 和图 4-82 所示。

图 4-80　　　　　　　　　　图 4-81　　　　　　　　　　图 4-82

4.3.5　颜色校正视频特效

颜色校正视频特效主要用于对视频素材进行颜色校正，该特效包括 12 种类型，下面主要讲解比较常用的特效。

1．Lumetri 颜色

该特效可加载主流的 LUT，它继承了 CC 全新的 GPU 加速引擎特性，提高了执行效率和回放、编码渲染的速度。

2．亮度与对比度

该特效用于调整素材的亮度和对比度，并同时调节所有素材的亮部、暗部和中间色。应用该特效后，其参数面板如图 4-83 所示。

亮度：调整素材画面的亮度。

对比度：调整素材画面的对比度。

应用"亮度与对比度"特效前、后的效果如图 4-84 和图 4-85 所示。

图 4-83   图 4-84   图 4-85

3. 分色

该特效可以准确地指定颜色或者删除图层中的颜色。应用该特效后，其参数面板如图 4-86 所示。

脱色量：设置指定层中需要删除的颜色数量。

要保留的颜色：设置图像中需分离的颜色。

容差：用于设置颜色的容差度。

边缘柔和度：用于设置颜色分界线的柔化程度。

匹配颜色：设置颜色的对应模式。

应用"分色"特效前、后的效果如图 4-87 和图 4-88 所示。

图 4-86   图 4-87   图 4-88

4. 均衡

该特效可以修改图像的像素值，并将其颜色值进行平均化处理。应用该特效后，其参数面板如图 4-89 所示。

均衡：用于设置平均化的方式，包括"RGB""亮度"和"Photoshop 样式"3 个选项。

均衡量：用于设置重新分布亮度值的程度。

应用"均衡"特效前、后的效果如图 4-90 和图 4-91 所示。

图 4-89   图 4-90   图 4-91

5. 更改为颜色

该特效可以在图像中选择一种颜色将其转换为另一种颜色的色调、明度和饱和度。应用该特效后，其参数面板如图 4-92 所示。

自：设置当前图像中需要转换的颜色，可以利用其右侧的"吸管工具"  在"节目"预览面板中提取颜色。

至：设置转换后的颜色。

更改：设置在 HLS 颜色模式下产生影响的通道。

更改方式：设置颜色转换方式，包括"设置为颜色"和"变换为颜色"两个选项。

容差：设置色调、明暗度和饱和度的值。

柔和度：通过百分比的值控制柔和度。

查看校正遮罩：通过遮罩控制发生改变的部分。

应用"更改为颜色"特效前、后的效果如图 4-93 和图 4-94 所示。

图 4-92

图 4-93

图 4-94

6. 更改颜色

该特效用于改变图像中某种颜色区域的色调。应用该特效后，其参数面板如图 4-95 所示。

视图：该选项用于设置在合成图像中观看的效果，包含两个选项，分别为"校正的图层"和"色彩校正蒙版"。

色相变换：调整色相，以"度"为单位改变所选区域的颜色。

亮度变换：设置所选颜色的明暗度。

饱和度变换：设置所选颜色的饱和度。

要更改的颜色：设置图像中要改变颜色的区域。

匹配容差：设置颜色匹配的相似程度。

匹配柔和度：设置颜色的柔和度。

匹配颜色：设置颜色空间，包括"使用 RGB""使用色相"和"使用色度"3 个选项。

反转颜色校正蒙版：勾选此复选框，可以将颜色进行反向校正。

应用"更改颜色"特效前、后的效果如图 4-96 和图 4-97 所示。

图 4-95

图 4-96

图 4-97

7. 色彩

该特效用于调整图像中包含的颜色信息，在最亮和最暗之间确定融合度。应用"色彩"特效前、后的效果如图 4-98 和图 4-99 所示。

图 4-98

图 4-99

8. 视频限幅器

该特效利用视频限制器对图像的颜色进行调整。应用"视频限幅器"特效前、后的效果如图 4-100 和图 4-101 所示。

图 4-100

图 4-101

9. 通道混合器

该特效用于调整通道之间的颜色数值，实现图像颜色的调整。通过选择每一个颜色通道的百分比组成，可以创建高质量的灰度图像，还可以创建高质量的棕色或其他色调的图像，并对通道进行交换和复制。应用"通道混合器"特效前、后的效果如图 4-102 和图 4-103 所示。

图 4-102　　　　　　　　　　　图 4-103

10．颜色平衡

应用该特效，可以按照 RGB 颜色调节影片的颜色，以达到校色的目的。应用"颜色平衡"特效前、后的效果如图 4-104 和图 4-105 所示。

图 4-104　　　　　　　　　　　图 4-105

11．颜色平衡（HLS）

通过对图像色相、亮度和饱和度的精确调整，可以实现对图像颜色的改变。应用该特效后，其参数面板如图 4-106 所示。

色相：该参数可以改变图像的色相。

亮度：设置图像的亮度。

饱和度：设置图像的饱和度。

应用"颜色平衡（HLS）"特效前、后的效果如图 4-107 和图 4-108 所示。

图 4-106　　　　　　　　图 4-107　　　　　　　　图 4-108

4.3.6　课堂案例——峡谷镜像

【案例学习目标】使用镜像命令制作镜像效果。

【案例知识要点】使用"缩放"选项改变图像的大小，使用"镜像"命令制作镜像图像，使用"裁剪"命令剪切图像，使用"透明度"选项改变图像的不透明度，使用"照明效果"命令改变图像的灯光亮度，峡谷镜像效果如图 4-109 所示。

【效果所在位置】Ch04\峡谷镜像\峡谷镜像. prproj。

图 4-109

1. 编辑镜像图像

（1）启动 Premiere Pro CC 软件，弹出"开始"界面，单击"新建项目"按钮 **新建项目—**，弹出"新建项目"对话框，设置"位置"选项，选择保存文件的路径，在"名称"文本框中输入文件名"峡谷镜像"，如图 4-110 所示，单击"确定"按钮，完成项目的创建。按 Ctrl+N 组合键，弹出"新建序列"对话框，在左侧的列表中展开"DV-PAL"选项，选中"标准 48kHz"模式，如图 4-111 所示，单击"确定"按钮，完成序列的创建。

图 4-110

图 4-111

（2）选择"文件 > 导入"命令，弹出"导入"对话框，选择本书学习资源中的"Ch04\峡谷镜像\素材\ 01 和 02"文件，如图 4-112 所示，单击"打开"按钮，导入文件。导入后的文件排列在"项目"面板中，如图 4-113 所示。

图 4-112　　　　　　　　　　　　　　　　图 4-113

（3）在"项目"面板中选中"01"文件并将其拖曳到"时间轴"面板中的"视频 1"轨道上，如图 4-114 所示。选择"窗口 > 效果"命令，弹出"效果"面板，展开"视频效果"分类选项，单击"扭曲"文件夹左侧的三角形按钮 ＞ 将其展开，选中"镜像"特效，如图 4-115 所示。

图 4-114　　　　　　　　　　　　　　　　图 4-115

（4）将"镜像"特效拖曳到"时间轴"面板中"视频 1"轨道的"01"文件上，如图 4-116 所示。在"时间轴"面板中选中"视频 1"轨道中的"01"文件，如图 4-117 所示。

 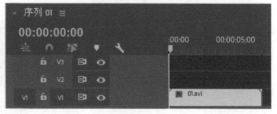

图 4-116　　　　　　　　　　　　　　　　图 4-117

（5）选择"窗口 > 效果控件"命令，弹出"效果控件"面板，展开"镜像"特效，将"反射中心"选项设置为 698.0 和 362.0，"反射角度"选项设置为 90.0°，如图 4-118 所示。在"节目"面板中预览效果，如图 4-119 所示。

图 4-118   图 4-119

2. 编辑图像透明度

（1）在"项目"面板中，选中"02"文件并将其拖曳到"时间轴"面板中的"视频 2"轨道上，如图 4-120 所示。将鼠标光标放在"02"文件的尾部，当鼠标光标呈 状时，向右拖曳鼠标到"01"文件的结束位置，如图 4-121 所示。

图 4-120   图 4-121

（2）在"时间轴"面板中选中"视频 2"轨道中的"02"文件，在"效果控件"面板中展开"运动"选项，将"缩放高度"选项设为 30.0，"缩放宽度"选项设为 96.0，"旋转"选项设为 180.0°，如图 4-122 所示。在"节目"面板中预览效果，如图 4-123 所示。

（3）在"效果控件"面板中展开"不透明度"选项，将"不透明度"选项设为 65.0%，如图 4-124 所示。在"节目"面板中预览效果，如图 4-125 所示。

图 4-122

图 4-123   图 4-124   图 4-125

（4）在"效果"面板中展开"视频效果"分类选项，单击"变换"文件夹左侧的三角形按钮 ，将其展开，选中"羽化边缘"特效，如图 4-126 所示。将"羽化边缘"特效拖曳到"时间轴"面板中"视频 2"轨道的"02"文件上，如图 4-127 所示。

（5）在"时间轴"面板中选中"视频 2"轨道中的"02"文件，在"效果控件"面板中展开"羽化边缘"选项，将"数量"选项设置为 10，如图 4-128 所示。在"节目"面板中预览效果，如图 4-129 所示。峡谷镜像制作完成。

图 4-126

图 4-127

图 4-128

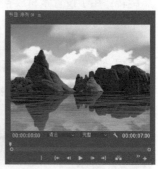
图 4-129

4.3.7 扭曲视频特效

"扭曲"视频特效主要通过对图像进行几何扭曲变形来制作出各种画面变形效果，共包含 12 种特效。

1. 位移

该特效可以根据设置的偏移量对图像进行位移。应用该特效后，其参数面板如图 4-130 所示。

将中心移位至：设置偏移的中心点坐标值。

与原始图像混合：设置偏移的程度，数值越大，效果越明显。

应用"位移"特效前、后的效果如图 4-131 和图 4-132 所示。

图 4-130

图 4-131

图 4-132

2. 变形稳定器 VFX

该特效会自动完成分析要稳定的素材，操作简单方便，并且在稳定的同时还能够在剪裁、缩放等方面得到较好的控制。

3. 变换

该特效用于对图像的位置、尺寸、不透明度及倾斜度等进行综合设置。应用该特效后，其参数面板如图 4-133 所示。

锚点：用于设置定位点的坐标位置。

位置：用于设置素材在屏幕中的位置。

等比缩放：勾选此复选框，"缩放宽度"将变为不可用，"缩放高度"则变为参数选项，设置比例参数选项时，将只能成比例地缩放素材。

缩放高度/缩放宽度：用于设置素材的高度/宽度。

倾斜：用于设置素材的倾斜度。

倾斜轴：用于设置素材倾斜的角度。

旋转：用于设置素材放置的角度。

不透明度：用于设置素材的不透明度。

快门角度：用于设置素材的遮挡角度。

应用"变换"特效前、后的效果如图 4-134 和图 4-135 所示。

图 4-133

图 4-134

图 4-135

4. 放大

该特效可以将素材的某一部分放大，并可以调整放大区域的不透明度，羽化放大区域的边缘。应用该特效后，其参数面板如图 4-136 所示。

形状：设置放大区域的形状。

中央：设置放大区域的中心点坐标值。

放大率：设置放大区域的放大倍数。

链接：选择放大区域的模式。

大小：设置用于产生放大效果区域的尺寸。

羽化：设置放大区域的羽化值。

不透明度：设置放大部分的不透明度。

缩放：设置缩放的方式。

混合模式：设置放大部分与原图颜色的混合模式。

调整图层大小：只有在"链接"选项中选择了"无"选项，才能勾选该复选框。

应用"放大"特效前、后的效果如图 4-137 和图 4-138 所示。

图 4-136　　　　　　　　图 4-137　　　　　　　　图 4-138

5. 旋转

该特效可以使图像产生沿中心轴旋转的效果。应用该特效后，其参数面板如图 4-139 所示。

角度：用于设置旋涡的旋转角度。

旋转扭曲半径：用于设置产生旋涡的半径。

旋转扭曲中心：用于设置产生旋涡的中心点位置。

应用"旋转"特效前、后的效果如图 4-140 和图 4-141 所示。

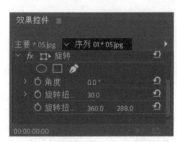

图 4-139　　　　　　　　图 4-140　　　　　　　　图 4-141

6. 果冻效应修复

该特效可以修复摄像机或拍摄对象移动产生的延迟时间形成的扭曲。应用该特效后，其参数面板如图 4-142 所示。

果冻效应比率：指定帧速率（扫描时间）的百分比。

扫描方向：指定发生果冻效应扫描的方向。

方法：指示是否使用光流分析和像素运动重定时来生成变形的帧（像素运动），或者是否应该使用稀疏点跟踪以及变形方法（变形）。

详细分析：在变形中执行更为详细的点分析。

像素运动细节：指定光流矢量场计算的详细程度。

图 4-142

7. 波形变形

该特效类似于波纹效果，可以对波纹的形状、方向及宽度等进行设置。应用该特效后，其参数面板如图 4-143 所示。

波形类型：用于选择波形的类型模式。

波形高度/波形宽度：用于设置波形的高度（振幅）/宽度（波长）。

方向：用于设置波形旋转的角度。

波形速度：用于设置波形的运动速度。

固定：用于设置波形面积模式。

相位：用于设置波形的角度。

消除锯齿（最佳品质）：选择波形特效的质量。

应用"波形变形"特效前、后的效果如图 4-144 和图 4-145 所示。

图 4-143   图 4-144   图 4-145

8. 球面化

应用该特效可以在素材中制作出球形画面效果。应用该特效后，其参数面板如图 4-146 所示。

半径：用于设置球形的半径值。

球面中心：用于设置产生球面效果的中心点位置。

应用"球面化"特效前、后的效果如图 4-147 和图 4-148 所示。

图 4-146   图 4-147   图 4-148

9. 紊乱置换

该特效可以使素材产生类似于流水、旗帜飘动和哈哈镜等的扭曲效果。应用"紊乱置换"特效前、后的效果如图 4-149 和图 4-150 所示。

图 4-149   图 4-150

10. 边角定位

应用该特效，可以使图像的 4 个顶点发生变化，达到变形效果。应用该特效后，其参数面板如图 4-151 所示。单击"边角定位"按钮 ，在"节目"监视器面板中，图片的 4 个角上将出现 4 个控制柄 ，调整控制柄的位置就可以改变图片的形状。

左上：调整素材左上角的位置。

右上：调整素材右上角的位置。

左下：调整素材左下角的位置。

右下：调整素材右下角的位置。

应用"边角定位"特效前、后的效果如图 4-152 和图 4-153 所示。

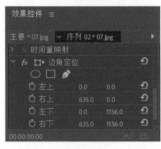  

图 4-151 　　　　　　　　　　图 4-152 　　　　　　　　　　图 4-153

11. 镜像

应用该特效可以将图像沿一条直线分割为两部分，制作出镜像效果。应用该特效后，其参数面板如图 4-154 所示。

反射中心：用于设置镜像效果的中心点坐标值。

反射角度：用于设置镜像效果的角度。

应用"镜像"特效前、后的效果如图 4-155 和图 4-156 所示。

图 4-154 　　　　　　　　　　图 4-155 　　　　　　　　　　图 4-156

12. 镜头扭曲

该特效是模拟一种从变形透镜观看素材的效果。应用该特效后，其参数面板如图 4-157 所示。

曲率：设置素材的弯曲程度。数值为 0 以上的值时将缩小素材，数值为 0 以下的值时将放大素材。

垂直偏移：设置弯曲中心点垂直方向上的位置。

水平偏移：设置弯曲中心点水平方向上的位置。

垂直棱镜效果：设置素材上、下两边棱角的弧度。

水平棱镜效果：设置素材左、右两边棱角的弧度。

应用"镜头扭曲"特效前、后的效果如图 4-158 和图 4-159 所示。

图 4-157   图 4-158   图 4-159

4.3.8　变换视频特效

"变换"视频特效主要是对图像或视频进行翻转、羽化和裁剪等操作，共包含 4 种特效。

1．垂直翻转

该特效可以将图像沿水平轴垂直翻转。应用"垂直翻转"特效前、后的效果如图 4-160 和图 4-161 所示。

图 4-160   图 4-161

2．水平翻转

该特效可以将图像沿垂直轴水平翻转。应用"水平翻转"特效前、后的效果如图 4-162 和图 4-163 所示。

图 4-162   图 4-163

3．羽化边缘

该特效可以将图像的边缘进行虚化。应用该特效后，其参数面板如图 4-164 所示。

数量：用于设置羽化边缘的大小。

应用"羽化边缘"特效前、后的效果如图 4-165 和图 4-166 所示。

图 4-164　　　　　　　　　图 4-165　　　　　　　　　图 4-166

4．裁剪

该特效用于裁剪图像。应用该特效后，其参数面板如图 4-167 所示。

左侧：用于设置裁剪左侧的数值。

顶部：用于设置裁剪顶部的数值。

右侧：用于设置裁剪右侧的数值。

底部：用于设置裁剪底部的数值。

缩放：勾选此复选框，可将图像进行放大操作。

羽化边缘：用于设置虚化图像的边缘。

应用"裁剪"特效前、后的效果如图 4-168 和图 4-169 所示。

图 4-167　　　　　　　　　图 4-168　　　　　　　　　图 4-169

4.3.9　透视视频特效

透视视频特效主要用于制作三维透视效果，使素材产生立体感或空间感。该特效共包含 5 种类型。

1．基本 3D

该特效可以模拟平面图像在三维空间的运动效果，能够使素材绕水平和垂直的轴旋转，或者沿着虚拟的 z 轴移动，以靠近或远离屏幕。此外，使用该特效可以为旋转的素材表面添加反光效果。应用该特效后，其参数面板如图 4-170 所示。

旋转：设置素材水平旋转的角度。当旋转角度为 90°时，可以看到素材的背面，这就成了正面的镜像。

倾斜：设置素材垂直旋转的角度。

与图像的距离：设置素材拉近或推远的距离。数值越大，素材距离屏幕越远，看起来越小；数值越小，素材距离屏幕越近，看起来就越大。当数值为负值时，图像会被放大并撑出屏幕之外。

镜面高光：用于为素材添加反光效果。

预览：设置图像以线框的形式显示。

应用"基本 3D"特效前、后的效果如图 4-171 和图 4-172 所示。

图 4-170

图 4-171

图 4-172

2. 投影

该特效可用于为素材添加阴影。应用该特效后，其参数面板如图 4-173 所示。

阴影颜色：用于设置阴影的颜色。

不透明度：用于设置阴影的不透明度。

方向：用于设置阴影投影的角度。

距离：用于设置阴影与原素材之间的距离。

柔和度：用于设置阴影的边缘柔和度。

仅阴影：勾选此复选框，在节目监视器中将只显示素材的阴影。

应用"投影"特效前、后的效果如图 4-174 和图 4-175 所示。

图 4-173

图 4-174

图 4-175

3. 放射阴影

该特效用于为素材添加一个阴影，并可通过原素材的 Alpha 值影响阴影的颜色。应用该特效后，其参数面板如图 4-176 所示。

阴影颜色：用于设置阴影的颜色。

不透明度：用于设置阴影的不透明度。

光源：通过调整光源移动阴影的位置。

投影距离：设置该参数，可调整阴影与原素材之间的距离。

柔和度：用于设置阴影的边缘柔和度。

渲染：选择产生阴影的类型。

颜色影响：原素材在阴影中彩色值的合计。如果这一个素材没有透明因素，彩色值将不会受到影响，而且阴影彩色数值决定了阴影的颜色。

仅阴影：勾选此复选框，在节目监视器中将只显示素材的阴影。

调整图层大小：设置阴影可以超出原素材的界限。如果不勾选此复选框，阴影将只能在原素材的界限内显示。

应用"放射阴影"特效前、后的效果如图 4-177 和图 4-178 所示。

图 4-176   图 4-177   图 4-178

4．斜角边

该特效能够使图像边缘产生一个凿刻的、高亮的三维效果。边缘的位置由源图像的 Alpha 通道来确定。与斜面 Alpha 效果不同，该效果中产生的边缘总是成直角的。应用该特效后，其参数面板如图 4-179 所示。

边缘厚度：设置素材边缘凿刻的高度。

光照角度：设置光线照射的角度。

光照颜色：选择光线的颜色。

光照强度：设置光线照射到素材的强度。

应用"斜角边"特效前、后的效果如图 4-180 和图 4-181 所示。

图 4-179   图 4-180   图 4-181

5．斜面 Alpha

该特效能够产生一个倒角的边，而且使图像的 Alpha 通道边界变亮，通常是将一个二维图像赋予三维效果。如果素材没有 Alpha 通道或它的 Alpha 通道是完全不透明的，这个效果就会全应用到素材边缘。应用该特效后，其参数面板如图 4-182 所示。

边缘厚度：用于设置素材边缘的厚度。

光照角度：用于设置光线照射的角度。

光照颜色：用于选择光线的颜色。

光照强度：用于设置光线照射素材的强度。

应用"斜面 Alpha"特效前、后的效果如图 4-183 和图 4-184 所示。

| 图 4-182 | 图 4-183 | 图 4-184 |

4.3.10　课堂案例——立体相框

【案例学习目标】编辑图像透视效果。

【案例知识要点】使用"运动"选项编辑图像的位置、比例和旋转等多个属性，使用"剪裁"命令剪裁图像边框，使用"斜边角"命令制作图像的立体效果，使用"单元格图案"和"四色渐变"命令编辑背影特效，立体相框效果如图 4-185 所示。

【效果所在位置】Ch04\立体相框\立体相框. prproj。

图 4-185

1. 导入图片

（1）启动 Premiere Pro CC 软件，弹出"开始"界面，单击"新建项目"按钮 新建项目...，弹出"新建项目"对话框，设置"位置"选项，选择保存文件的路径，在"名称"文本框中输入文件名"立体相框"，如图 4-186 所示，单击"确定"按钮，完成项目的创建。按 Ctrl+N 组合键，弹出"新建序列"对话框，在左侧的列表中展开"DV-PAL"选项，选中"标准 48kHz"模式，如图 4-187 所示，单击"确定"按钮，完成序列的创建。

图 4-186　　　　　　　　　　　　　　　　　　图 4-187

（2）选择"文件 > 导入"命令，弹出"导入"对话框，选择本书学习资源中的"Ch04\立体相框\素材\ 01 和 02"文件，如图 4-188 所示，单击"打开"按钮，导入文件。导入后的文件排列在"项目"面板中，如图 4-189 所示。

（3）在"项目"面板中选中"01"文件，将其拖曳到"时间轴"面板中的"视频 3"轨道上，如图 4-190 所示。

图 4-188　　　　　　　　　　图 4-189　　　　　　　　　　图 4-190

2．编辑图像立体效果

（1）在"时间轴"面板中选中"视频 3"轨道中的"01"文件，选择"窗口 > 效果控件"命令，弹出"效果控件"面板，展开"运动"选项，将"位置"选项设置为 272.1 和 304.7，"缩放"选项设置为 50.0，"旋转"选项设置为-11.0°，如图 4-191 所示。在"节目"面板中预览效果，如图 4-192 所示。

（2）选择"窗口 > 效果"命令，弹出"效果"面板，展开"视频效果"选项，单击"变换"文件夹左侧的三角形按钮 > 将其展开，选中"裁剪"特效，如图 4-193 所示。将"裁剪"特效拖曳到"时间轴"面板中"视频 3"轨道的"01"文件上，如图 4-194 所示。

图 4-191

113

图 4-192 　　　　　　　　　 图 4-193 　　　　　　　　　 图 4-194

（3）在"效果控件"面板中，展开"裁剪"特效，将"底部"选项设置为 10.0%，如图 4-195 所示。在"节目"面板中预览效果，如图 4-196 所示。

（4）在"效果"面板中，展开"视频效果"选项，单击"透视"文件夹左侧的三角形按钮 将其展开，选中"斜角边"特效，如图 4-197 所示。

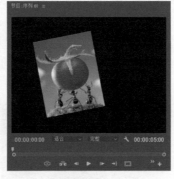

图 4-195 　　　　　　　　　 图 4-196 　　　　　　　　　 图 4-197

（5）将"斜角边"特效拖曳到"时间轴"面板中"视频 3"轨道的"01"文件上，如图 4-198 所示。在"效果控件"面板中，展开"斜角边"特效，将"边缘厚度"选项设置为 0.06，"光照角度"选项设置为-40.0°，其他设置如图 4-199 所示。在"节目"面板中预览效果，如图 4-200 所示。

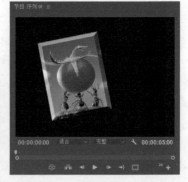

图 4-198 　　　　　　　　　 图 4-199 　　　　　　　　　 图 4-200

3. 编辑背景

（1）选择"文件 > 新建 > 颜色遮罩"命令，弹出"新建颜色遮罩"对话框，如图 4-201 所示。

单击"确定"按钮，弹出"拾色器"对话框，设置颜色的 R、G、B 值分别为 255、166、50，如图 4-202 所示。单击"确定"按钮，弹出"选择名称"对话框，输入"底图"，如图 4-203 所示。单击"确定"按钮，在"项目"面板中添加一个"底图"层，如图 4-204 所示。

图 4-201　　　　　　　　　　　　　　图 4-202

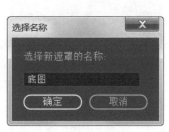

图 4-203　　　　　　　　　　图 4-204

（2）在"项目"面板中选中"底图"层，将其拖曳到"时间轴"面板中的"视频 1"轨道上，如图 4-205 所示。在"节目"面板中预览效果，如图 4-206 所示。

图 4-205　　　　　　　　　　　图 4-206

（3）在"效果"面板中，展开"视频效果"选项，单击"生成"文件夹左侧的三角形按钮 ，将其展开，选中"单元格图案"特效，如图 4-207 所示。将"单元格图案"特效拖曳到"时间轴"面板中"视频 1"轨道的"底图"层上，如图 4-208 所示。

图 4-207　　　　　　　　　　　　　　图 4-208

（4）在"效果控件"面板中，展开"单元格图案"特效，将"对比度"选项设置为 278.0，"分散"选项设置为 0.90，"大小"选项设置为 50.0，"偏移"选项设置为 360.0 和 288.0，其他设置如图 4-209 所示。在"节目"面板中预览效果，如图 4-210 所示。

图 4-209　　　　　　　　　　　　　　图 4-210

（5）在"效果"面板中，展开"视频效果"选项，单击"生成"文件夹左侧的三角形按钮 ，将其展开，选中"四色渐变"特效，如图 4-211 所示。将"四色渐变"特效拖曳到"时间轴"面板中"视频 1"轨道的"底图"层上，如图 4-212 所示。

图 4-211　　　　　　　　　　　　　　图 4-212

（6）在"效果控件"面板中，展开"四色渐变"特效，将"颜色 1"设置为蓝色（R、G、B 的值分别为 5、125、170），"颜色 2"设置为蓝色（R、G、B 的值分别为 22、142、211），"颜色 3"设置为深蓝色（R、G、B 的值分别为 9、66、125），"颜色 4"设置为绿色（R、G、B 的值分别为 6、150、20）。将"混合模式"选项设置为"颜色"，其他设置如图 4-213 所示。在"节目"面板中预览效果，如图 4-214 所示。在"项目"面板中选中"02"文件并将其拖曳到"时间轴"面板中的"视频 2"轨道上，如图 4-215 所示。

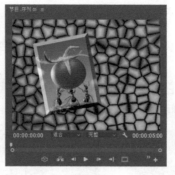

图 4-213   图 4-214   图 4-215

4. 复制特效

（1）在"时间轴"面板中选中"视频 2"轨道中的"02"文件，在"效果控件"面板中，展开"运动"选项，将"位置"选项设置为 499.5 和 312.9，"缩放"选项设置为 35.0，"旋转"选项设置为 6.0°，如图 4-216 所示。在"节目"面板中预览效果，如图 4-217 所示。

图 4-216   图 4-217

（2）在"时间轴"面板中选中"视频 3"轨道中的"01"文件，在"效果控件"面板中，按住 Ctrl 键的同时选中"裁剪"特效和"斜角边"特效，再按 Ctrl+C 组合键复制特效，在"时间轴"面板中选中"视频 2"轨道中的"02"文件，按 Ctrl+V 组合键粘贴特效。在"节目"面板中预览效果，如图 4-218 所示。

（3）选择"效果控件"面板，展开"斜角边"选项，将"光照颜色"设置为淡蓝色（R、G、B 的值分别为 148、224、246），如图 4-219 所示。在"节目"面板中预览效果，如图 4-220 所示。立体相框制作完成。

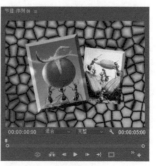

图 4-218   图 4-219   图 4-220

4.3.11　杂色与颗粒视频特效

杂色与颗粒视频特效主要用于去除素材画面中的擦痕及噪点，共包含以下 6 种特效。

1. 中间值

该特效用于将图像的每个像素都用它周围像素的 RGB 平均值来代替，从而达到平均整个画面的色值，得到艺术效果的目的。应用"中间值"特效前、后的效果如图 4-221 和图 4-222 所示。

图 4-221　　　　　　　　　　　　　　　图 4-222

2. 杂色

应用该特效，将在画面中添加模拟的噪点效果。应用"杂色"特效前、后的效果如图 4-223 和图 4-224 所示。

图 4-223　　　　　　　　　　　　　　　图 4-224

3. 杂色 Alpha

该特效可以在一个素材的通道中添加统一或方形的噪波。应用"杂色 Alpha"特效前、后的效果如图 4-225 和图 4-226 所示。

图 4-225　　　　　　　　　　　　　　　图 4-226

4. 杂色 HLS

该特效可以根据素材的色相、亮度和饱和度添加不规则的噪点。应用该特效后，其参数面板如图 4-227 所示。

杂色：设置颗粒的类型。

色相：用于设置色相通道产生杂质的强度。

亮度：用于设置亮度通道产生杂质的强度。

饱和度：用于设置饱和度通道产生杂质的强度。

颗粒大小：用于设置素材中添加杂质的颗粒大小。

杂色相位：用于设置杂质的方向角度。

应用"杂色 HLS"特效前、后的效果如图 4-228 和图 4-229 所示。

图 4-227　　　　　　　　　　图 4-228　　　　　　　　　　图 4-229

5. 杂色 HLS 自动

该特效可以为素材添加杂色，并设置这些杂色的色彩、亮度、颗粒大小和饱和度及杂质的运动速率。应用"杂色 HLS 自动"特效前、后的效果如图 4-230 和图 4-231 所示。

图 4-230　　　　　　　　　　　图 4-231

6. 蒙尘与划痕

该特效可以减小图像中的杂色，以达到平衡整个图像色彩的效果。应用该特效后，其参数面板如图 4-232 所示。

半径：设置产生柔化效果的半径范围。

阈值：用于设置柔化的强度。

应用"蒙尘与划痕"特效前、后的效果如图 4-233 和图 4-234 所示。

图 4-232

图 4-233

图 4-234

4.3.12　沉浸式视频特效

沉浸式视频特效主要是通过虚拟现实技术来实现虚拟现实的一种特效，与沉浸式过渡效果相同，共包含 11 种特效。

1. VR 分形杂色

该特效可以在影视剪辑中添加不同类型和布局的分形杂色。应用该特效后，其参数面板如图 4-235 所示。

帧布局：设置帧布局为"单像"或"立体-上/下"。

分形类型：设置杂色的类型。

对比度：用于调整分形杂色的对比度。

亮度：用于调整分形杂色的亮度。

反转：用于反转分形杂色的颜色通道。

复杂度：用于设置分形杂色的复杂程度。

演化：用于设置分形杂色的演变效果。

变换：用于设置分形杂色的缩放、倾斜、平移和滚动。

子设置：设置子影响、子缩放、子倾斜、子平移和子滚动的值。

随机植入：设置分形杂色的随机速度。

不透明度：用于调整效果的不透明度。

混合模式：用于设置分形杂色与原始图像的混合模式。

应用"VR 分形杂色"特效前、后的效果如图 4-236 和图 4-237 所示。

图 4-235

图 4-236

图 4-237

2. VR 发光

该特效可以在影视剪辑中添加发光，并可以和色调颜色发生混合。应用该特效后，其参数面板如图 4-238 所示。

亮度阈值：用于设置图像中的发光区域。

发光半径：用于设置发光光晕的半径。

发光亮度：用于设置发光的亮度。

发光饱和度：设置发光的饱和程度。

使用色调颜色：勾选此复选框，可以混合色调颜色与生成的发光颜色。

色调颜色：用于设置色调的颜色。

应用"VR 发光"特效前、后的效果如图 4-239 和图 4-240 所示。

图 4-238

图 4-239

图 4-240

3. VR 平面到球面

该特效可以将影视剪辑发生由平面到球面的效果，多用于文本、徽标、图形和其他 2D 元素。应用"VR 平面到球面"特效前、后的效果如图 4-241 和图 4-242 所示。

图 4-241

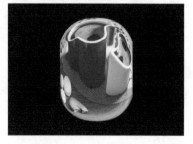
图 4-242

4. VR 投影

该特效可以调整影视剪辑的布局、角度、位置和摄像机，从而生成投影效果。应用"VR 投影"特效前、后的效果如图 4-243 和图 4-244 所示。

图 4-243

图 4-244

5．VR 数字故障

该特效可以让影视剪辑产生数字信号故障干扰的效果。应用"VR 数字故障"特效前、后的效果如图 4-245 和图 4-246 所示。

图 4-245   图 4-246

6．VR 旋转球面

该特效可以调整影视剪辑的角度、位置和摄像机，从而生成旋转球面效果。应用"VR 旋转球面"特效前、后的效果如图 4-247 和图 4-248 所示。

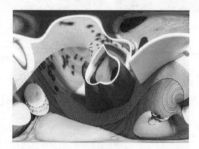

图 4-247   图 4-248

7．VR 模糊

该特效可以使影视剪辑生成无缝的精确模糊效果。应用"VR 模糊"特效前、后的效果如图 4-249 和图 4-250 所示。

图 4-249   图 4-250

8．VR 色差

该特效可以调整影视剪辑中通道的色差，生成色相分离的效果。应用"VR 色差"特效前、后的效果如图 4-251 和图 4-252 所示。

图 4-251　　　　　　　　　　　　图 4-252

9. VR 锐化

该特效可以调整影视剪辑的锐化程度。应用"VR 锐化"特效前、后的效果如图 4-253 和图 4-254 所示。

图 4-253　　　　　　　　　　　　图 4-254

10. VR 降噪

该特效可以降低影视剪辑的噪点。应用"VR 降噪"特效前、后的效果如图 4-255 和图 4-256 所示。

图 4-255　　　　　　　　　　　　图 4-256

11. VR 颜色渐变

该特效可以为影视剪辑添加渐变色点。应用"VR 颜色渐变"特效前、后的效果如图 4-257 和图 4-258 所示。

图 4-257　　　　　　　　　　　　图 4-258

4.3.13　生成视频特效

"生成"视频特效主要用来生成一些特效效果，共包含 12 种特效。

1. 书写

该特效用于在图像上进行随意绘制。应用"书写"特效前、后的效果如图 4-259 和图 4-260 所示。

图 4-259　　　　　　　　　图 4-260

2. 单元格图案

该特效可以创建多种类似细胞图案的单元格图案拼合效果。应用该特效后，其参数面板如图 4-261 所示。

单元格图案：选择图案的类型，包括"气泡""晶体""印板""静态板""晶格化""枕状""晶体 HQ""印板 HQ""静态板 HQ""晶格化 HQ""混合晶体"和"管状"。

反转：勾选此复选框，可以反转图案效果。

对比度：设置单元格的颜色对比度。

溢出：用于设置重新映射位于灰度范围 0~255 之外的值。如果选择了基于锐度的单元格图案，则"溢出"不可用。

分散：设置图案的分散程度。

大小：设置单个图案的大小尺寸。

偏移：设置图案偏离中心点的量。

平铺选项：在该选项下勾选"启用平铺"复选框后，可以设置水平单元格和垂直单元格的数值。

演化：设置单元格图案的角度。

循环演化：勾选此复选项后，循环（旋转次数）设置才为有效状态。

图 4-261

循环（旋转次数）：设置图案的循环。

随机植入：设置图案的随机速度。

应用"单元格图案"特效前、后的效果如图 4-262 和图 4-263 所示。

图 4-262

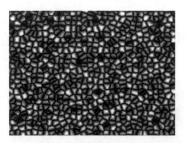

图 4-263

3．吸管填充

该特效可以将采样的颜色应用于整个图像。应用"吸管填充"特效前、后的效果如图 4-264 和图 4-265 所示。

图 4-264

图 4-265

4．四色渐变

该特效可以使用 4 种颜色填充整个图像。应用"四色渐变"特效前、后的效果如图 4-266 和图 4-267 所示。

图 4-266

图 4-267

5．圆形

该特效可在图像中绘制圆形，通过"效果控件"面板可以修改圆形的参数。应用"圆形"特效前、后的效果如图 4-268 和图 4-269 所示。

图 4-268

图 4-269

6. 棋盘

该特效能在图像上创建棋盘格的图案效果。应用"棋盘"特效前、后的效果如图 4-270 和图 4-271 所示。

图 4-270   图 4-271

7. 椭圆

该特效可以在图像中绘制一个椭圆形的圆环。应用"椭圆"特效前、后的效果如图 4-272 和图 4-273 所示。

图 4-272   图 4-273

8. 油漆桶

该特效可以将一种颜色填充到画面中的某种颜色范围。应用"油漆桶"特效前、后的效果如图 4-274 和图 4-275 所示。

图 4-274   图 4-275

9. 渐变

该特效可以在图像中创建渐变。应用"渐变"特效前、后的效果如图 4-276 和图 4-277 所示。

图 4-276　　　　　　　　　　　　　图 4-277

10．网格

该特效可以在图像中创建网格图形。应用"网格"特效前、后的效果如图 4-278 和图 4-279 所示。

图 4-278　　　　　　　　　　　　　图 4-279

11．镜头光晕

该特效可以模拟镜头拍摄到发光物体时，由于经过多片镜头而产生的很多光环效果。这是后期制作中经常使用的提升画面效果的手法。应用该特效后，其参数面板如图 4-280 所示。

光晕中心：设置发光点的中心位置。

光晕亮度：设置光晕的亮度。

镜头类型：选择镜头的类型，有 50～300 毫米变焦、35 毫米定焦和 105 毫米定焦。

与原始图像混合：设置和原素材图像的混合程度。

应用"镜头光晕"特效前、后的效果如图 4-281 和图 4-282 所示。

图 4-280　　　　　　　　　图 4-281　　　　　　　　　图 4-282

12．闪电

该特效可以用来模拟真实的闪电和放电效果。应用该特效后，其参数面板如图 4-283 所示。

起始点：用于设置闪电的起始位置。

结束点：用于设置闪电的结束位置。

分段：用于设置闪电的线条数量。

振幅：用于设置闪电的波动大小。

细节级别/细节振幅：用于设置添加到闪电和任何分支的细节的程度。

分支：设置闪电的分叉数量。

再分支：设置从分叉再分叉的量。

分支角度：用于设置分支和主要闪电之间的角度。

分支段长度：用于设置每条分支段的长度，作为闪电平均分段长度的组成部分。

分支段：用于设置每条分支的最大分段数。

分支宽度：设置每条分支的平均宽度，作为闪电宽度的组成部分。

速度：用于设置闪电的变化速度。

稳定性：设置闪电的起始点和结束点，确定它们之间的接近程度。

固定端点：设置闪电的结束点是否保持在固定位置。

宽度：设置闪电主干的宽度。

宽度变化：设置闪电主干的宽度变化。

核心宽度：设置闪电的内发光的宽度。

外部颜色：用于设置闪电的外发光颜色。

内部颜色：用于设置闪电的内发光颜色。

拉力：用于设置拉动闪电的强度。

拖拉方向：用于设置拖拉闪电的方向。

随机植入：用于设置闪电随机生成杂色的级别。

混合模式：用于设置闪电和图像的混合模式。

在每一帧处重新运行：用于设置在每一帧处重新生成闪电。

应用"闪电"特效前、后的效果如图 4-284 和图 4-285 所示。

图 4-283

图 4-284

图 4-285

4.3.14　课堂案例——彩色浮雕效果

【案例学习目标】编辑图像的彩色浮雕效果。

【案例知识要点】使用"缩放"选项改变图像的大小，使用"彩色浮雕"命令制作图片的彩色浮雕效果，使用"亮度与对比度"命令调整图像的亮度与对比度，彩色浮雕效果如图 4-286 所示。

【效果所在位置】Ch04\彩色浮雕效果\彩色浮雕效果. prproj。

图 4-286

（1）启动 Premiere Pro CC 软件，弹出"开始"界面，单击"新建项目"按钮 新建项目... ，弹出"新建项目"对话框，设置"位置"选项，选择保存文件的路径，在"名称"文本框中输入文件名"彩色浮雕效果"，如图 4-287 所示，单击"确定"按钮，完成项目的创建。按 Ctrl+N 组合键，弹出"新建序列"对话框，在左侧的列表中展开"DV-PAL"选项，选中"标准 48kHz"模式，如图 4-288 所示，单击"确定"按钮，完成序列的创建。

图 4-287

图 4-288

（2）选择"文件 > 导入"命令，弹出"导入"对话框，选择本书学习资源中的"Ch04\彩色浮雕效果\素材\01"文件，如图 4-289 所示，单击"打开"按钮，导入素材。导入后的文件将排列在"项目"面板中，如图 4-290 所示。

图 4-289

图 4-290

（3）在"项目"面板中选中"01"文件，将其拖曳到"时间轴"面板中的"视频 1"轨道上，如图 4-291 所示。在"时间轴"面板中选中"视频 1"轨道中的"01"文件，如图 4-292 所示。

图 4-291

图 4-292

（4）选择"窗口 > 效果控件"命令，弹出"效果控件"面板，展开"运动"选项，将"缩放"选项设置为 40.0，其他设置如图 4-293 所示。在"节目"面板中预览效果，如图 4-294 所示。

（5）选择"窗口 > 效果"命令，弹出"效果"面板，展开"视频效果"分类选项，单击"风格化"文件夹左侧的三角形按钮 ▷ 将其展开，选中"彩色浮雕"特效，如图 4-295 所示。

图 4-293

图 4-294

图 4-295

（6）将"彩色浮雕"特效拖曳到"时间轴"面板中"视频 1"轨道的"01"文件上，如图 4-296 所示。在"效果控件"面板中，展开"彩色浮雕"选项，参数设置如图 4-297 所示。在"节目"面板中预览效果，如图 4-298 所示。

图 4-296

图 4-297

图 4-298

（7）选择"效果"面板，展开"视频效果"分类选项，单击"颜色校正"文件夹左侧的三角形按钮 ▷ 将其展开，选中"亮度与对比度"特效，如图 4-299 所示。将"亮度与对比度"特效拖曳到"时间轴"面板中"视频 1"轨道的"01"文件上。在"效果控件"面板中，展开"亮度与对比度"选项，参数设置如图 4-300 所示。

（8）彩色浮雕效果制作完成，如图 4-301 所示。

图 4-299　　　　　　　　　　　图 4-300　　　　　　　　　　　图 4-301

4.3.15　风格化视频特效

风格化视频特效主要是模拟一些美术风格，形成丰富的画面效果，该特效包含 13 种类型。

1．Alpha 发光

该特效对含有通道的素材起作用，在通道的边缘部分产生一圈渐变的辉光效果，可以在单色的边缘处或者在边缘运动时变成两个颜色。应用该特效后，其参数面板如图 4-302 所示。

发光：用于设置光晕从素材的 Alpha 通道扩散边缘的大小。

亮度：用于设置辉光的强度。

起始颜色/结束颜色：用于设置辉光内部/外部的颜色。

应用"Alpha 发光"特效前、后的效果如图 4-303 和图 4-304 所示。

图 4-302　　　　　　　　　　　图 4-303　　　　　　　　　　　图 4-304

2．复制

该特效可以将图像复制成指定的数量，并同时在每个单元中播放出来。在"效果控件"面板中拖曳"计数"参数选项的滑块，可以设置每行或每列的分块数目。应用"复制"特效前、后的效果如图 4-305 和图 4-306 所示。

图 4-305 　　　　　　　　　　　　　　图 4-306

3. 彩色浮雕

该特效通过锐化素材中物体的轮廓，使素材产生彩色的浮雕效果。应用该特效后，其参数面板如图 4-307 所示。

方向：设置浮雕的方向。

起伏：设置浮雕压制的明显高度，实际上是设定浮雕边缘的最大加亮宽度。

对比度：设置图像内容的边缘锐利程度，如果增加参数值，加亮区变得更明显。

与原始图像混合：该参数值越小，上述设置项的效果越明显。

应用"彩色浮雕"特效前、后的效果如图 4-308 和图 4-309 所示。

图 4-307 　　　　　　　　图 4-308 　　　　　　　　图 4-309

4. 抽帧

该特效可以将图像按照多色调进行显示，为每个通道指定色调级别的数值，并将像素映射到最匹配级别。应用"抽帧"特效前、后的效果如图 4-310 和图 4-311 所示。

图 4-310 　　　　　　　　　　　　　　图 4-311

5. 曝光过度

该特效可以沿着画面的正反方向进行混合，从而产生类似于底片在显影时的快速曝光效果。应用"曝光过度"特效前、后的效果如图 4-312 和图 4-313 所示。

图 4-312　　　　　　　　　　　　　图 4-313

6．查找边缘

该特效通过强化素材中物体的边缘，使素材产生类似于铅笔素描或底片的效果，而且构图越简单、明暗对比越强烈的素材，描出的线条越清楚。应用该特效后，其参数面板如图 4-314 所示。

反转：取消勾选此复选框时，素材边缘出现如在白色背景上的黑色线；勾选此复选框时，素材边缘出现如在黑色背景上的明亮线。

与原始图像混合：用于设置与原素材混合的程度。数值越小，上述各参数选项设置的效果越明显。

应用"查找边缘"特效前、后的效果如图 4-315 和图 4-316 所示。

图 4-314　　　　　　　　　　图 4-315　　　　　　　　　　图 4-316

7．浮雕

该特效与"彩色浮雕"特效的效果相似，只是没有色彩，它们的各项参数选项都相同，即通过锐化素材中物体的轮廓，使画面产生浮雕效果。应用"浮雕"特效前、后的效果如图 4-317 和图 4-318 所示。

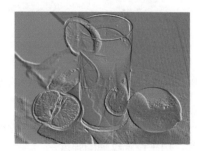

图 4-317　　　　　　　　　　　　　图 4-318

8．画笔描边

该特效使素材产生一种美术画笔描绘的效果。应用"画笔描边"特效后，其参数面板如图 4-319 所示。

描边角度：设置笔画的角度。

画笔大小：设置笔刷的大小。

描边长度：设置笔刷的长度。

描边浓度：设置笔触的浓度。

描边浓度：设置笔触描绘的程度。

绘画表面：用于设置应用笔触效果的区域。

与原始图像混合：用于设置与原素材混合的程度。数值越小，上述各参数选项设置的效果越明显。

应用"画笔描边"特效前、后的效果如图 4-320 和图 4-321 所示。

图 4-319   图 4-320   图 4-321

9. 粗糙边缘

该特效可以使素材的 Alpha 通道边缘粗糙化，从而使素材或者栅格化文本产生一种粗糙的自然外观。应用"粗糙边缘"特效前、后的效果如图 4-322 和图 4-323 所示。

图 4-322   图 4-323

10. 纹理化

该特效可以使一个素材上显示另一个素材的纹理。应用该特效后，其参数面板如图 4-324 所示。

纹理图层：用于选择与素材混合的视频轨道。

光照方向：用于设置光照的方向，该选项决定纹理图案的亮部方向。

纹理对比度：用于设置纹理的强度。

纹理位置：指定纹理的应用方式。

应用"纹理化"特效前、后的效果如图 4-325 和图 4-326 所示。

图 4-324　　　　　　　　　图 4-325　　　　　　　　　图 4-326

11．闪光灯

该特效能以一定的周期或随机地对一个素材进行算术运算。例如，每隔 5s 素材就变成白色并显示 0.1s，或素材颜色以随机的时间间隔进行反转。此特效常用来模拟照相机的瞬间强烈闪光效果。应用该特效后，其参数面板如图 4-327 所示。

闪光色：设置频闪瞬间屏幕上呈现的颜色。

与原始图像混合：设置与原素材混合的程度。

闪光持续时间（秒）：设置频闪持续的时间。

闪光周期（秒）：以 s 为单位，设置频闪效果出现的间隔时间。它是从相邻两个频闪效果的开始时间算起的，因此，该选项的数值大于"明暗闪动持续时间"选项时，才会出现频闪效果。

随机闪光机率：设置素材中每一帧产生频闪效果的概率。

闪光：设置频闪效果的不同类型。

闪光运算符：设置频闪时所使用的运算方法。

应用"闪光灯"特效前、后的效果如图 4-328 和图 4-329 所示。

图 4-327　　　　　　　　　图 4-328　　　　　　　　　图 4-329

12．阈值

该特效可以将图像变成灰度模式，应用"阈值"特效前、后的效果如图 4-330 和图 4-331 所示。

图 4-330　　　　　　　　　　　图 4-331

13.　马赛克

该特效用若干方形色块填充素材，使素材产生马赛克效果。此效果通常用于模拟低分辨率显示或者模糊图像。应用该特效后，其参数面板如图 4-332 所示。

水平/垂直块：用于设置水平/垂直方向上的分割色块数量。

锐化颜色：勾选此复选框，可锐化图像素材。

应用"马赛克"特效前、后的效果如图 4-333 和图 4-334 所示。

图 4-332　　　　　　　　图 4-333　　　　　　　　图 4-334

4.3.16　时间特效

"时间"特效用于对素材的时间特性进行控制。该特效包含 4 种类型，下面主要讲解两种比较常用的特效。

1.　抽帧时间

该特效可以将素材设定为某一个帧率进行播放，产生跳帧的效果。图 4-335 所示为"抽帧时间"特效设置。

该特效只有"帧速率"一项参数可以设置。当修改素材默认的播放速率后，素材就会按照指定的播放速率进行播放，从而产生跳帧播放的效果。

2.　残影

该特效可以将素材中不同时间的多个帧进行同时播放，产生条纹和反射的效果。应用该特效后，其参数面板如图 4-336 所示。

残影时间：设置两个混合图像之间的时间间隔。

残影数量：设置重复帧的数量。

起始强度：设置素材的亮度。

图 4-335

衰减：设置组合素材强度减弱的比例。

残影运算符：确定在回声与素材之间的混合模式。

应用"残影"特效前后的效果如图 4-337 和图 4-338 所示。

图 4-336　　　　　　　　　　图 4-337　　　　　　　　　　图 4-338

4.3.17　过渡视频特效

过渡视频特效主要用于两个素材之间进行连接的切换，该特效共包含 5 种类型。

1．块溶解

该特效通过随机产生的板块对图像进行溶解。应用该特效后，其参数面板如图 4-339 所示。

过渡完成：当前层画面数值为 100%时，完全显示切换层画面。

块宽度/块高度：用于设置板块的宽度/高度。

羽化：用于设置板块边缘的羽化程度。

柔化边缘：勾选此复选框，将对板块边缘进行柔化处理。

应用"块溶解"特效前、后的效果如图 4-340 和图 4-341 所示。

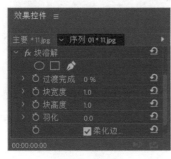

图 4-339　　　　　　　　　　图 4-340　　　　　　　　　　图 4-341

2．径向擦除

应用该特效，可以围绕指定点以旋转的方式进行图像的擦除。应用该特效后，其参数面板如图 4-342 所示。

过渡完成：用于设置转换完成的百分比。

起始角度：用于设置转换效果的起始角度。

擦除中心：用于设置擦除的中心点位置。

擦除：用于设置擦除的类型。

羽化：用于设置擦除边缘的羽化程度。

应用"径向擦除"特效前、后的效果如图 4-343 和图 4-344 所示。

图 4-342　　　　　　　　　　图 4-343　　　　　　　　　　图 4-344

3. 渐变擦除

该特效可以根据两个层的亮度值建立一个渐变层，在指定层和原图层之间进行角度切换。应用该特效后，其参数面板如图 4-345 所示。

过渡完成：用于设置转换完成的百分比。

过渡柔和度：用于设置转换边缘的柔和程度。

渐变图层：用于选择进行参考的渐变层。

渐变放置：用于设置渐变层放置的位置。

反转渐变：勾选此复选框，将对渐变层进行反转。

应用"渐变擦除"特效前、后的效果如图 4-346 和图 4-347 所示。

图 4-345　　　　　　　　　　图 4-346　　　　　　　　　　图 4-347

4. 百叶窗

该特效通过对图像进行百叶窗式的分割，形成图层之间的切换。应用该特效后，其参数面板如图 4-348 所示。

过渡完成：用于设置转换完成的百分比。

方向：用于设置素材分割的角度。

宽度：用于设置分割的宽度。

羽化：用于设置分割边缘的羽化程度。

应用"百叶窗"特效前、后的效果如图 4-349 和图 4-350 所示。

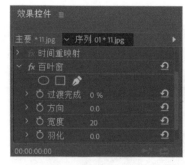

图 4-348　　　　　　　　　图 4-349　　　　　　　　　图 4-350

5. 线性擦除

该特效通过线条划过的方式形成擦除效果。应用该特效后，其参数面板如图 4-351 所示。

过渡完成：用于设置转换完成的百分比。

擦除角度：用于设置素材被擦除的角度。

羽化：用于设置擦除边缘的羽化程度。

应用"线性擦除"特效前、后的效果如图 4-352 和图 4-353 所示。

图 4-351　　　　　　　　　图 4-352　　　　　　　　　图 4-353

4.3.18　视频特效

"视频"特效用于对视频特性进行控制。该特效包含 4 种类型，下面主要讲解比较常用的特效。

1. 剪辑名称

该特效可以在视频上叠加显示剪辑名称，应用"剪辑名称"特效前、后的效果如图 4-354 和图 4-355 所示。

图 4-354　　　　　　　　　　　图 4-355

2．时间码

该特效可以在影片的画面中插入时间码信息，应用"时间码"特效前、后的效果如图 4-356 和图 4-357 所示。

图 4-356   图 4-357

3．简单文字

该特效可以在影片的画面中插入介绍性文字信息，应用"简单文字"特效前、后的效果如图 4-358 和图 4-359 所示。

图 4-358   图 4-359

课堂练习——飞翔的翅膀

【练习知识要点】使用"缩放"选项制作缩放动画效果，使用"彩色浮雕"特效制作浮雕效果，飞翔的翅膀效果如图 4-360 所示。

【效果所在位置】Ch04\飞翔的翅膀\飞翔的翅膀. prproj。

图 4-360

图 4-360（续）

课后习题——旋转风车

【习题知识要点】使用"相机模糊"特效制作视频模糊效果，使用"镜头光晕"特效编辑模拟强光折射效果，使用"纹理化"特效添加纹理效果，旋转风车效果如图 4-361 所示。

【效果所在位置】Ch04\旋转风车\旋转风车. prproj。

图 4-361

第5章 调色、抠像与叠加

本章介绍

本章主要讲解在 Premiere Pro CC 2018 中素材调色、抠像与叠加的基础设置方法。调色、抠像与叠加属于 Premiere Pro CC 2018 剪辑中较高级的应用，它们可以使影片产生完美的画面合成效果。通过对本章的学习，读者可很好地掌握 Premiere Pro CC 2018 的调色、抠像与叠加技术。

学习目标

- 了解视频调色基础。
- 掌握视频调色技术。
- 熟练掌握抠像及叠加技术。

技能目标

- 熟练掌握"怀旧老电影效果"的制作方法。
- 熟练掌握"水墨画效果"的制作方法。
- 熟练掌握"淡彩铅笔画"的制作方法。
- 熟练掌握"抠像效果"的制作方法。

5.1 视频调色基础

在视频编辑过程中，调整画面的色彩至关重要，因此经常需要将拍摄的素材进行颜色调整。抠像后也需要校色使当前对象与背景协调。为此，Premiere Pro CC 2018 提供了一整套的图像调整工具。

进行颜色校正前，必须保证监视器显示颜色准确，否则调整出来的影片颜色就会不准确。对监视器颜色的校正，除了使用专门的硬件设备外，也可以凭自己的眼睛来校准监视器色彩。

在 Premiere Pro CC 2018 中，"节目"监视器面板提供了多种素材的显示方式，不同的显示方式对分析影片有着重要的作用。

单击"节目"监视器面板右下方的 🔧 按钮，在弹出的菜单列表中选择面板的不同显示模式，如图 5-1 所示。

合成视频：在该模式下显示编辑合成后的影片效果。

Alpha：在该模式下显示影片 Alpha 通道。

多机位：在该模式下可以同时查看所有摄像机的素材，并在摄像机之间切换以选择用于最终序列的素材，如图 5-2 所示。

图 5-1

图 5-2

5.2 视频调色技术详解

Premiere Pro CC 2018 的"效果"面板中包含一些专门用于改变图像亮度、对比度和颜色的特效。这些颜色增强工具集中于"视频特效"文件夹的 4 个子文件夹中，它们分别为"调整""过时特效""图像控制"和"色彩校正"。

5.2.1 课堂案例——怀旧老电影效果

【案例学习目标】编辑旧电影特效。

【案例知识要点】使用"ProcAmp"命令调整图像的亮度、饱和度和增加对比度，使用"颜色平衡"

命令降低图像中的部分颜色，使用"DE_AgedFilm"命令制作老电影效果，怀旧老电影效果如图 5-3 所示。

【效果所在位置】Ch05\怀旧老电影效果\怀旧老电影效果. prproj。

图 5-3

1. 新建项目

（1）启动 Premiere Pro CC 2018 软件，弹出"开始"界面，单击"新建项目"按钮 新建项目... ，弹出"新建项目"对话框，设置"位置"选项，选择保存文件的路径，在"名称"文本框中输入文件名"怀旧老电影效果"，如图 5-4 所示，单击"确定"按钮，完成项目的创建。按 Ctrl+N 组合键，弹出"新建序列"对话框，在左侧的列表中展开"DV-PAL"选项，选中"标准 48kHz"模式，如图 5-5 所示，单击"确定"按钮，完成序列的创建。

图 5-4   图 5-5

（2）选择"文件 > 导入"命令，弹出"导入"对话框，选择本书学习资源中的"Ch05\怀旧老电影效果\素材\01"文件，如图 5-6 所示，单击"打开"按钮，导入视频文件。导入后的文件排列在"项目"面板中，如图 5-7 所示。

图 5-6　　　　　　　　　　　　　　　　图 5-7

（3）在"项目"面板中选中"01"文件，并将其拖曳到"时间轴"面板中的"视频 1"轨道上，如图 5-8 所示。在"节目"面板中预览效果，如图 5-9 所示。

图 5-8　　　　　　　　　　　　　　　　图 5-9

2. 制作怀旧老电影效果

（1）选择"窗口 > 效果"命令，弹出"效果"面板，展开"视频效果"分类选项，单击"调整"文件夹左侧的三角形按钮 将其展开，选中"ProcAmp"特效，如图 5-10 所示。将"ProcAmp"特效拖曳到"时间轴"面板中"视频 1"轨道的"01"文件上，如图 5-11 所示。

图 5-10　　　　　　　　　　　　　　　图 5-11

（2）选择"窗口 > 效果控件"命令，弹出"效果控件"面板，展开"ProcAmp"特效，将"对比度"选项设置为 115.0，"饱和度"选项设置为 50.0，其他选项的设置如图 5-12 所示。在"节目"面板中预览效果，如图 5-13 所示。

图 5-12 图 5-13

（3）在"效果"面板中，展开"视频效果"分类选项，单击"颜色校正"文件夹左侧的三角形按钮 将其展开，选中"颜色平衡"特效，如图 5-14 所示。将"颜色平衡"特效拖曳到"时间轴"面板中"视频 1"轨道的"01"文件上，如图 5-15 所示。

图 5-14 图 5-15

（4）在"效果控件"面板中，展开"颜色平衡"特效并进行参数设置，如图 5-16 所示。在"节目"面板中预览效果，如图 5-17 所示。

图 5-16 图 5-17

（5）选择"效果"面板，展开"视频效果"分类选项，单击"Digieffects Damage v2.5"文件夹左侧的三角形按钮 将其展开，选中"DE_AgedFilm"特效，如图 5-18 所示。将"DE_AgedFilm"特效拖曳到"时间轴"面板中"视频 1"轨道的"01"文件上，如图 5-19 所示。

图 5-18

图 5-19

（6）在"效果控件"面板中，展开"DE_AgedFilm"特效并进行参数设置，如图 5-20 所示。在"节目"面板中预览效果，如图 5-21 所示。怀旧老电影效果制作完成。

图 5-20

图 5-21

5.2.2 调整特效

如果需要调整素材的亮度、对比度、色彩及通道，修复素材的偏色或者曝光不足等缺陷，提高素材画面的颜色及亮度，制作特殊的色彩效果，通常要使用"调整"特效。该类特效使用比较频繁，共包含 5 个视频特效。

1. ProcAmp

该特效可以用于调整素材的亮度、对比度、色相和饱和度，是一个较常用的视频特效。应用"ProcAmp"特效前、后的效果如图 5-22 和图 5-23 所示。

图 5-22

图 5-23

2．光照效果

该特效可以为素材添加最多 5 个灯光照明，以模拟舞台追光灯的效果。用户在该效果对应的"效果控件"面板中可以设置灯光的类型、方向、强度、颜色和中心点的位置等。应用"光照效果"特效前、后的效果如图 5-24 和图 5-25 所示。

图 5-24

图 5-25

3．卷积内核

该特效根据运算改变素材中每个像素的颜色和亮度值，来改变图像的质感。应用该特效后，其参数面板如图 5-26 所示。

M11-M33：表示像素亮度增效的矩阵，其参数值的取值范围为 -30 ~ 30。

偏移：用于调整素材色彩明暗的偏移量。

缩放：输入一个数值，在积分操作中包含的像素总和将除以该数值。

应用"卷积内核"特效前、后的效果如图 5-27 和图 5-28 所示。

图 5-26

图 5-27

图 5-28

4．提取

该特效可以从视频片段中吸取颜色，然后通过设置灰度的范围控制影像的显示。应用该特效后，其参数面板如图 5-29 所示。

输入黑色阶：表示画面中黑色的提取情况。

输入白色阶：表示画面中白色的提取情况。

柔和度：用于调整画面的灰度，数值越大，灰度越高。

反转：勾选此复选框，将对黑色像素范围和白色像素范围进行反转。

应用"提取"特效前、后的效果如图 5-30 和图 5-31 所示。

图 5-29　　　　　　　　　　图 5-30　　　　　　　　　　图 5-31

5. 色阶

该特效的作用是调整影片的亮度和对比度。应用该特效后，其参数面板如图 5-32 所示。单击右上角的"设置"按钮 →回 ，弹出"色阶设置"对话框，左边显示当前画面的柱状图，水平方向代表亮度值，垂直方向代表对应亮度值的像素总数。在该对话框上方的下拉列表中，可以选择需要调整的颜色通道，如图 5-33 所示。

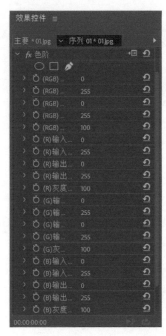

图 5-32　　　　　　　　　　　　　　　图 5-33

通道：在该下拉列表中可以选择需要调整的通道。

输入色阶：用于进行颜色的调整。拖曳下方的三角形滑块，可以改变颜色的对比度。

输出色阶：用于调整输出的级别。在该文本框中输入有效数值，可以对素材输出亮度进行修改。

加载：单击该按钮，可以载入以前所存储的效果。

保存：单击该按钮，可以保存当前的设置。

应用"色阶"特效前、后的效果如图 5-34 和图 5-35 所示。

图 5-34　　　　　　　　　　　　　　图 5-35

5.2.3　过时特效

"过时"视频特效主要是对图像的亮度和对比度进行修复，共包含 10 种特效。下面主要讲解 8 种比较常用的特效。

1．RGB 曲线

该特效通过曲线调整红色、绿色和蓝色通道中的数值，达到改变图像色彩的目的。应用"RGB 曲线"特效前、后的效果如图 5-36 和图 5-37 所示。

图 5-36　　　　　　　　　　　　　　图 5-37

2．RGB 颜色校正器

该特效通过修改 R、G、B 3 个通道中的参数，可以实现图像色彩的改变。应用"RGB 颜色校正器"特效前、后的效果如图 5-38 和图 5-39 所示。

图 5-38　　　　　　　　　　　　　　图 5-39

3．三向颜色校正器

该特效通过旋转 3 个色盘来调整颜色的平衡。应用"三向颜色校正器"特效前、后的效果如图 5-40 和图 5-41 所示。

图 5-40　　　　　　　　　　　　　　　　图 5-41

4．亮度曲线

该特效通过亮度曲线图实现对图像亮度的调整。应用"亮度曲线"特效前、后的效果如图 5-42 和图 5-43 所示。

图 5-42　　　　　　　　　　　　　　　　图 5-43

5．亮度校正器

该特效通过亮度进行图像颜色的校正。应用该特效后，其参数面板如图 5-44 所示。

输出：设置输出的选项，包括"复合""亮度"和"色调范围"3 个选项，如果勾选"显示拆分视图"复选框，就可以对图像进行分屏预览。

布局：设置分屏预览的布局，分为水平和垂直两个选项。

拆分视图百分比：用于对分屏比例进行设置。

色调范围定义：用于选择调整的区域。"色调范围"下拉列表中包含"主""高光""中间调"和"阴影"4 个选项。

亮度：对图像的亮度进行设置。

对比度：该参数用于改变图像的对比度。

对比度级别：用于设置对比度的级别。

灰度系数：在不影响黑白色阶的情况下调整图像的中间调值。

基值：通过将固定偏移添加到图像的像素值中来调整图像。

增益：通过乘法调整亮度值，从而影响图像的总体对比度。

辅助颜色校正：用于设置二级色彩修正。

应用"亮度校正器"特效前、后的效果如图 5-45 和图 5-46 所示。

图 5-44

图 5-45   图 5-46

6. 快速颜色校正器

该特效能够快速地进行图像颜色修正。应用该特效后，其参数面板如图 5-47 所示。

输出：设置输出的选项，包括"合成"和"亮度"两个选项，如果勾选"显示拆分视图"复选框，就可以对图像进行分屏预览。

布局：设置分屏预览的布局，包括"水平"和"垂直"两个选项。

拆分视图百分比：用于对分屏比例进行设置。

白平衡：用于设置白色平衡，数值越大，画面中的白色越多。

色相平衡和角度：用于调整色调平衡和角度，可以直接使用色盘改变画面中的色调。

色相角度：设置色调的补色在色盘上的位置。

平衡数量级：设置平衡的数量。

平衡增益：增加白色平衡。

平衡角度：设置白色平衡的角度。

饱和度：用于设置画面颜色的饱和度。

：单击该按钮，将自动进行黑色级别调整。

自动对比度：单击该按钮，将自动进行对比度调整。

自动白色阶：单击该按钮，将自动进行白色级别调整。

黑色阶：用于设置黑色级别的颜色。

灰色阶：用于设置灰色级别的颜色。

白色阶：用于设置白色级别的颜色。

输入色阶：对输入的颜色进行级别调整，拖曳该选项颜色条下的 3 个滑块，将对"输入黑色阶""输入灰色阶"和"输入白色阶" 3 个参数产生影响。

输出色阶：对输出的颜色进行级别调整，拖曳该选项颜色条下的两个滑块，将对"输出黑色阶"和"输出白色阶"两个参数产生影响。

输入黑色阶：用于调节黑色输入时的级别。

输入灰色阶：用于调节灰色输入时的级别。

输入白色阶：用于调节白色输入时的级别。

输出黑色阶：用于调节黑色输出时的级别。

输出白色阶：用于调节白色输出时的级别。

应用"快速颜色校正器"特效前、后的效果如图 5-48 和图 5-49 所示。

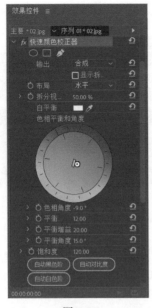

图 5-47   图 5-48   图 5-49

7. 自动颜色、自动对比度和自动色阶

使用"自动颜色""自动对比度"和"自动色阶"3 个特效可以快速、全面地修整素材，调整素材的中间色调、暗调和高亮区的颜色。"自动颜色"特效主要用于调整素材的颜色；"自动对比度"特效主要用于调整所有颜色的亮度和对比度；"自动色阶"特效主要用于调整暗部和高亮区。

图 5-50 和图 5-51 所示分别为应用"自动颜色"特效前、后的效果。应用该特效后，其参数面板如图 5-52 所示。

图 5-50   图 5-51   图 5-52

图 5-53 和图 5-54 所示分别为应用"自动对比度"特效前、后的效果。应用该特效后，其参数面板如图 5-55 所示。

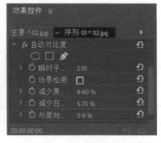

图 5-53   图 5-54   图 5-55

图 5-56 和图 5-57 所示分别为应用"自动色阶"特效前、后的效果。应用该特效后，其参数面板如图 5-58 所示。

图 5-56   图 5-57   图 5-58

以上 3 种特效均提供了 5 个相同的参数选项，具体含义如下。

瞬时平滑（秒）：此选项用来设置平滑处理帧的时间间隔。当该选项的值为 0 时，Premiere Pro CC 2018 将独立地平滑处理每一帧；当该选项的值高于 1 时，Premiere Pro CC 2018 会在帧显示前以 1s 的时间间隔平滑处理帧。

场景检测：在设置了"瞬时平滑"选项值后，该复选框才被激活。勾选此复选框，Premiere Pro CC 2018 将忽略场景变化。

减少黑色像素/减少白色像素：用于增加或减少图像的黑色/白色。

与原始图像混合：用于改变素材应用特效的程度。当该选项的值为 0 时，在素材上可以看到 100% 的特效；当该选项的值为 100 时，在素材上可以看到 0%的特效。

"自动颜色"特效还提供了"对齐中性中间调"选项。勾选此复选框，可以调整颜色的灰阶数值。

8. 阴影/高光

该特效用于调整素材的阴影和高光区域，应用"阴影/高光"特效前、后的效果如图 5-59 和图 5-60 所示。该特效不宜应用于整个图像的调暗或增加图像的点亮，但可以单独调整图像的高光区域，并基于图像周围的像素。

图 5-59   图 5-60

5.2.4 课堂案例——水墨画效果

【案例学习目标】使用多个特效编辑图像之间的叠加效果。

【案例知识要点】使用"黑白"命令将彩色图像转换为灰度图像，使用"查找边缘"命令制作图像的边缘，使用"色阶"命令调整图像的亮度和对比度，使用"高斯模糊"命令制作图像的模糊效果，水墨画效果如图 5-61 所示。

【效果所在位置】Ch05\水墨画效果\水墨画效果. prproj。

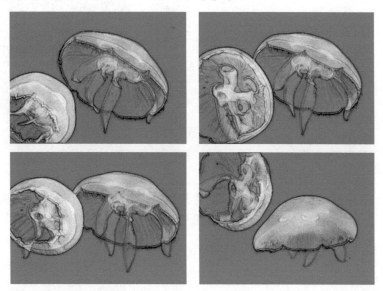

图 5-61

（1）启动 Premiere Pro CC 2018 软件，弹出"开始"界面，单击"新建项目"按钮 新建项目 ，弹出"新建项目"对话框，设置"位置"选项，选择保存文件的路径，在"名称"文本框中输入文件名"水墨画效果"，如图 5-62 所示，单击"确定"按钮，完成项目的创建。按 Ctrl+N 组合键，弹出"新建序列"对话框，在左侧的列表中展开"DV-PAL"选项，选中"标准 48kHz"模式，如图 5-63 所示，单击"确定"按钮，完成序列的创建。

图 5-62

图 5-63

（2）选择"文件 > 导入"命令，弹出"导入"对话框，选择本书学习资源中的"Ch05\水墨画效果\素材\ 01"文件，如图 5-64 所示，单击"打开"按钮，导入视频文件。导入后的文件排列在"项目"面板中，如图 5-65 所示。

图 5-64　　　　　　　　　　　　　　　　　　图 5-65

（3）在"项目"面板中选中"01"文件，并将其拖曳到"时间轴"面板中的"视频 1"轨道上，如图 5-66 所示。选择"窗口 > 效果"命令，弹出"效果"面板，展开"视频效果"分类选项，单击"图像控制"文件夹左侧的三角形按钮 〉 将其展开，选中"黑白"特效，如图 5-67 所示。

图 5-66　　　　　　　　　　　　　　　　　　图 5-67

（4）将"黑白"特效拖曳到"时间轴"面板中"视频 1"轨道的"01"文件上，如图 5-68 所示。在"节目"面板中预览效果，如图 5-69 所示。

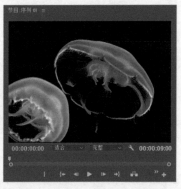

图 5-68　　　　　　　　　　　　　　　　　　图 5-69

（5）在"效果"面板中，展开"视频效果"分类选项，单击"风格化"文件夹左侧的三角形按钮 〉 将其展开，选中"查找边缘"特效，如图 5-70 所示。将"查找边缘"特效拖曳到"时间轴"面板中"视频 1"轨道的"01"文件上，如图 5-71 所示。

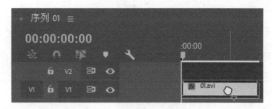

图 5-70   图 5-71

（6）选择"窗口 > 效果控件"命令，弹出"效果控件"面板，展开"查找边缘"特效，将"与原始图像混合"选项设置为 34%，如图 5-72 所示。在"节目"面板中预览效果，如图 5-73 所示。

（7）在"效果"面板中，展开"视频效果"分类选项，单击"调整"文件夹左侧的三角形按钮▶，将其展开，选中"色阶"特效，如图 5-74 所示。

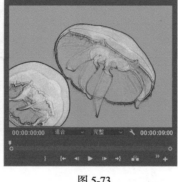

图 5-72   图 5-73   图 5-74

（8）将"色阶"特效拖曳到"时间轴"面板中"视频 1"轨道的"01"文件上，如图 5-75 所示。在"效果控件"面板中展开"色阶"特效并进行参数设置，如图 5-76 所示。在"节目"面板中预览效果，如图 5-77 所示。

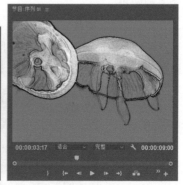

图 5-75   图 5-76   图 5-77

（9）选择"效果"面板，展开"视频效果"分类选项，单击"模糊与锐化"文件夹左侧的三角形按钮▶将其展开，选中"高斯模糊"特效，如图 5-78 所示。将"高斯模糊"特效拖曳到"时间轴"面板中"视频 1"轨道的"01"文件上，如图 5-79 所示。

图 5-78   图 5-79

（10）在"效果控件"面板中，展开"高斯模糊"特效，将"模糊度"选项设置为 4.5，如图 5-80 所示。在"节目"面板中预览效果，如图 5-81 所示。水墨画效果制作完成。

图 5-80   图 5-81

5.2.5　图像控制特效

图像控制特效的主要用途是对素材进行色彩的特效处理，广泛运用于视频编辑，处理一些前期拍摄中遗留的缺陷，或使素材达到某种预想的效果。图像控制特效是一组重要的视频特效，包含 5 种效果。

1. 灰度系数校正

该特效可以通过改变素材中间色调的亮度，实现在不改变素材亮度和阴影的情况下，使素材变得更明亮或更灰暗。应用"灰度系数校正"特效前、后的效果如图 5-82 和图 5-83 所示。

图 5-82   图 5-83

2. 颜色平衡（RGB）

利用"颜色平衡（RGB）"特效，可以通过对素材的红色、绿色和蓝色进行调整，达到改变图像色彩效果的目的。应用该特效后，其参数面板如图 5-84 所示。

应用"颜色平衡（RGB）"特效前、后的效果如图 5-85 和图 5-86 所示。

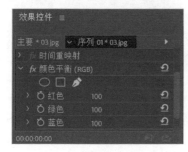

图 5-84　　　　　　　　　　　图 5-85　　　　　　　　　　　图 5-86

3. 颜色替换

该特效可以指定某种颜色，然后使用一种新的颜色替换指定的颜色。设置该特效对应的"效果控件"参数面板如图 5-87 所示。

相似性：用于设置相似色彩的容差值，即增加或减少所选颜色的范围。

纯色：勾选此复选框，该特效将用纯色替换目标色，没有任何过渡。

目标颜色：用于设置被替换的颜色。选取的方法与"颜色传递设置"对话框中选取的方法相同。

替换颜色：用于设置替换当前颜色的颜色。单击颜色块，在弹出的"色彩"对话框中进行设置。

应用"颜色替换"特效前、后的效果如图 5-88 和图 5-89 所示。

图 5-87　　　　　　　　　　　图 5-88　　　　　　　　　　　图 5-89

4. 颜色过滤

该特效可以将素材中指定颜色以外的其他颜色转化成灰度（黑、白），即保留指定的颜色。该特效对应的"效果控件"参数面板如图 5-90 所示。

相似性：用于设置相似色彩的容差值，即增加或减少所选颜色的范围。

反相：勾选该复选框，将颜色进行反转，即所选的颜色转变成灰度，其他颜色保持不变。

颜色：要保留的颜色。单击该色块，将弹出"色彩"对话框，从中可以设置要保留的颜色。

应用"颜色过渡"特效前、后的效果如图 5-91 和图 5-92 所示。

图 5-90　　　　　　　　　　图 5-91　　　　　　　　　　图 5-92

5. 黑白

该特效用于将彩色影像直接转换成黑白灰度影像。应用"黑白"特效前、后的效果如图 5-93 和图 5-94 所示。该特效没有参数选项。

图 5-93　　　　　　　　　　　图 5-94

5.3　抠像及叠加技术

在 Premiere Pro CC 2018 中，用户不仅能够组合和编辑素材，还能够使素材与其他素材相互叠加，从而生成合成效果。一些效果绚丽的复合影视作品就是通过使用多个视频轨道的叠加、透明，以及应用各种类型的键控来实现的。虽然 Premiere Pro CC 2018 不是专用的合成软件，但却有着强大的合成功能，既可以合成视频素材，也可以合成静止的图像，或者在两者之间相加合成。合成是影视制作过程中一个很常用的重要技术，在 DV 制作过程中也比较常用。

5.3.1　课堂案例——淡彩铅笔画

【案例学习目标】图像之间的叠加模式。

【案例知识要点】使用"缩放"选项改变图像大小，使用"不透明度"选项改变图像的不透明度，使用"查找边缘"命令编辑图像的边缘效果，使用"色阶"命令调整图像的亮度、对比度，使用"黑白"命令将彩色图像转换为灰度图像，使用"笔触"命令制作图像的粗糙外观，淡彩铅笔画效果如图 5-95 所示。

【效果所在位置】Ch05\淡彩铅笔画\淡彩铅笔画. prproj。

图 5-95

1. 导入素材并编辑

（1）启动 Premiere Pro CC 2018 软件，弹出"开始"界面，单击"新建项目"按钮 新建项目... ，弹出"新建项目"对话框，设置"位置"选项，选择保存文件的路径，在"名称"文本框中输入文件名"淡彩铅笔画"，如图 5-96 所示，单击"确定"按钮，完成项目的创建。按 Ctrl+N 组合键，弹出"新建序列"对话框，在左侧的列表中展开"DV-PAL"选项，选中"标准 48kHz"模式，如图 5-97 所示，单击"确定"按钮，完成序列的创建。

图 5-96

图 5-97

（2）选择"文件 > 导入"命令，弹出"导入"对话框，选择本书学习资源中的"Ch05\淡彩铅笔画\素材\ 01"文件，单击"打开"按钮，导入视频文件，如图 5-98 所示。导入后的文件排列在"项目"面板中，如图 5-99 所示。

图 5-98 图 5-99

（3）在"项目"面板中选中"01"文件，并将其拖曳到"时间轴"面板中的"视频 1"轨道上，如图 5-100 所示。在"节目"面板中预览效果，如图 5-101 所示。

图 5-100 图 5-101

（4）在"时间轴"面板中选中"视频 1"轨道中的"01"文件，按 Ctrl+C 组合键，复制文件，并锁定该轨道，如图 5-102 所示。按 Ctrl+V 组合键，将复制的文件粘贴到"视频 2"轨道中，如图 5-103 所示。

图 5-102 图 5-103

（5）将时间标签放置在 00:00:00:00 的位置。选中"时间轴"面板中"视频 2"轨道的"01"文件，选择"窗口 > 效果控件"命令，弹出"效果控件"面板，展开"不透明度"选项，单击"不透明度"选项左侧的"切换动画"按钮，取消关键帧，将"不透明度"选项设置为 70.0%，其他选项的设置如图 5-104 所示。在"节目"面板中预览效果，如图 5-105 所示。

图 5-104　　　　　　　　图 5-105

2. 编辑图像特效

（1）选择"窗口 > 效果"命令，弹出"效果"面板，展开"视频效果"分类选项，单击"风格化"文件夹左侧的三角形按钮 将其展开，选中"查找边缘"特效，如图 5-106 所示。将"查找边缘"特效拖曳到"时间轴"面板中"视频 2"轨道的"01"文件上，如图 5-107 所示。

图 5-106　　　　　　　　图 5-107

（2）在"效果控件"面板中，展开"查找边缘"特效，将"与原始图像混合"选项设置为 19%，如图 5-108 所示。在"节目"面板中预览效果，如图 5-109 所示。

图 5-108　　　　　　　　图 5-109

（3）在"效果"面板中，展开"视频效果"分类选项，单击"调整"文件夹左侧的三角形按钮 将其展开，选中"色阶"特效，如图 5-110 所示。将"色阶"特效拖曳到"时间轴"面板中"视频 2"轨道的"01"文件上，如图 5-111 所示。

图 5-110

图 5-111

（4）在"效果控件"面板中，展开"色阶"特效，选项的设置如图 5-112 所示。在"节目"面板中预览效果，如图 5-113 所示。

图 5-112

图 5-113

（5）在"效果"面板中，展开"视频效果"分类选项，单击"图像控制"文件夹左侧的三角形按钮 将其展开，选中"黑白"特效，如图 5-114 所示。将"黑白"特效拖曳到"时间轴"面板中"视频 2"轨道的"01"文件上，如图 5-115 所示。

（6）在"效果"面板中，展开"视频效果"分类选项，单击"风格化"文件夹左侧的三角形按钮 将其展开，选中"画笔描边"特效，如图 5-116 所示。

图 5-114

图 5-115

图 5-116

（7）将"画笔描边"特效拖曳到"时间轴"面板中"视频 2"轨道的"01"文件上，如图 5-117 所示。在"效果控件"面板中，展开"画笔描边"特效，选项设置如图 5-118 所示。淡彩铅笔画制作完成，如图 5-119 所示。

图 5-117

图 5-118

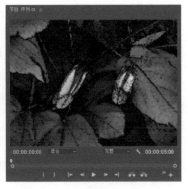
图 5-119

5.3.2　影视合成简介

合成一般用于制作效果比较复杂的影视作品，简称复合影视，它主要通过使用多个视频素材的叠加、透明以及应用各种类型的键控来实现。在电视制作上，键控也常被称为"抠像"，在电影制作中则被称为"遮罩"。Premiere Pro CC 2018 建立叠加的效果，是在多个视频轨道中的素材实现切换之后，才将叠加轨道上的素材相互叠加，较高层轨道的素材会叠加在较低层轨道的素材上，并在监视器面板上优先显示出来，也就意味着在其他素材的上面播放。

1. 透明

使用透明叠加的原理，是因为每个素材都有一定的不透明度，不透明度为 0% 时，图像完全透明；不透明度为 100% 时，图像完全不透明；不透明度介于两者之间，图像呈半透明。在 Premiere Pro CC 2018 中，将一个素材叠加在另一个素材上之后，位于轨道上面的素材能够显示其下方素材的部分图像，所利用的就是素材的不透明度。因此，通过素材不透明度的设置，可以制作透明叠加的效果，如图 5-120 所示。

图 5-120

用户可以使用 Alpha 通道、蒙版或键控来定义素材透明度区域和不透明区域，通过设置素材的不透明度并结合使用不同的混合模式，就可以创建出绚丽多彩的影视视觉效果。

2. Alpha 通道

素材的颜色信息都被保存在 3 个通道中，这 3 个通道分别是红色通道、绿色通道和蓝色通道。另外，素材中还包含看不见的第 4 个通道，即 Alpha 通道，它用于存储素材的透明度信息。

当在"After Effects Composition"面板或者 Premiere Pro CC 2018 的监视器面板中查看 Alpha 通道

时，白色区域是完全不透明的，黑色区域则是完全透明的，两者之间的区域则是半透明的。

3. 蒙版

"蒙版"是一个层，用于定义层的透明区域，白色区域定义的是完全不透明的区域，黑色区域定义的是完全透明的区域，两者之间的区域则是半透明的，这点类似于 Alpha 通道。通常，Alpha 通道被用作蒙版，但是使用蒙版定义素材的透明区域时要比使用 Alpha 通道更好，因为很多的原始素材中不包含 Alpha 通道。

TGA、TIFF、EPS 和 Quick Time 等素材格式中都包含 Alpha 通道。在使用 Adobe Illustrator EPS 和 PDF 格式的素材时，After Effects 会自动将空白区域转换为 Alpha 通道。

4. 键控

进行素材合成时，可以使用 Alpha 通道将不同的素材对象合成到一个场景中。但是在实际工作中，能够使用 Alpha 通道进行合成的原始素材非常少，因为摄像机是无法产生 Alpha 通道的，这时候使用键控（即抠像）技术就非常重要了。

键控（即抠像）使用特定的颜色值（颜色键控或者色度键控）和亮度值（亮度键控）来定义视频素材中的透明区域。当断开颜色值时，颜色值或者亮度值相同的所有像素将变为透明。

使用键控可以很容易地为一幅颜色或者亮度一致的视频素材替换背景，这一技术一般称为"颜色键"，也就是背景色完全是单一色，如图 5-121、图 5-122 和图 5-123 所示。

图 5-121   图 5-122   图 5-123

5.3.3 合成视频

在非线性编辑中，每一个视频素材就是一个图层，将这些图层放置于"时间轴"面板中的不同视频轨道上以不同的透明度相叠加，即可实现视频的合成效果。

1. 关于合成视频的几点说明

进行合成视频操作之前，对叠加的使用应注意以下几点。

（1）叠加效果的产生必须是两个或者两个以上的素材，有时候为了实现效果，可以创建一个字幕或者颜色蒙版文件。

（2）只能对重叠轨道上的素材应用透明叠加设置。在默认设置下，每一个新建项目都包含两个可重叠轨道——"视频 2"和"视频 3"轨道，当然也可以另外增加多个重叠轨道。

（3）在 Premiere Pro CC 2018 中制作叠加效果，首先合成视频主轨道上的素材（包括过渡转场效果），然后将被叠加的素材叠加到背景素材中去。在叠加过程中，首先叠加较低层轨道的素材，然后再以叠加后的素材为背景叠加较高层轨道的素材，这样在叠加完成后，最高层的素材位于画面的顶层。

（4）透明素材必须放置在其他素材之上，将想要叠加的素材放置于叠加轨道上——"视频 2"或者更高的视频轨道上。

（5）背景素材可以放置在视频主轨道"视频 1"或"视频 2"轨道上，即较低层叠加轨道上的素材可以作为较高层叠加轨道上素材的背景。

（6）必须对位于最高层轨道上的素材进行透明设置和调整，否则其下方的所有素材均不能显示出来。

（7）叠加有两种方式：一种是混合叠加方式，另一种是淡化叠加方式。

混合叠加方式是将素材的一部分叠加到另一个素材上，因此作为前景的素材最好具有单一的底色，并且与需要保留的部分对比鲜明，这样很容易将底色变为透明，再叠加到作为背景的素材上。背景在前景素材透明处可见，从而使前景色保留的部分看上去像原来属于背景素材中的一部分一样。

淡化叠加方式通过调整整个前景的透明度，让前景整个暗淡，而背景素材逐渐显现出来，达到一种梦幻或朦胧的效果。

图 5-124 和图 5-125 所示为两种透明叠加方式的效果。

混合叠加方式　　　　　　　　　　　　　　　淡化叠加方式

图 5-124　　　　　　　　　　　　　　　　　图 5-125

2. 制作透明叠加合成效果

（1）将文件导入"项目"面板，如图 5-126 所示。

（2）分别将素材"01"和"06"拖曳到"时间轴"面板中的"视频 1"和"视频 2"轨道上，如图 5-127 所示。

图 5-126　　　　　　　　　　　　　　图 5-127

（3）将鼠标光标移动到"视频 2"轨道的"06"素材的白色线上，按住 Ctrl 键，当鼠标光标呈状时单击，创建一个关键帧，如图 5-128 所示。

（4）根据步骤（3）的操作方法在"视频 2"轨道的素材上创建第 2 个关键帧，并用鼠标向下拖动第 2 个关键帧（即降低不透明度值），如图 5-129 所示。

图 5-128

图 5-129

（5）按照上述步骤在"视频 2"轨道的素材上再创建 3 个关键帧，然后调整第 3 个、第 5 个关键帧的位置，如图 5-130 所示。

（6）将时间标签移动到轨道开始的位置，然后在"节目"监视器面板中单击"播放-停止切换"按钮/预览完成效果，如图 5-131、图 5-132 和图 5-133 所示。

图 5-130

图 5-131

图 5-132

图 5-133

5.3.4　课堂案例——抠像效果

【案例学习目标】抠出视频文件中的飞机。

【案例知识要点】使用"缩放"选项调整视频的大小，使用"颜色键"命令抠出飞机图像，抠像效果如图 5-134 所示。

【效果所在位置】Ch05\抠像效果\抠像效果.prproj。

图 5-134

1. 导入视频文件

（1）启动 Premiere Pro CC 2018 软件，弹出"开始"界面，单击"新建项目"按钮 ，弹出"新建项目"对话框，设置"位置"选项，选择保存文件的路径，在"名称"文本框中输入文件名"抠像效果"，如图 5-135 所示，单击"确定"按钮，完成项目的创建。按 Ctrl+N 组合键，弹出"新建序列"对话框，在左侧的列表中展开"DV-PAL"选项，选中"标准 48kHz"模式，如图 5-136 所示，单击"确定"按钮，完成序列的创建。

图 5-135

图 5-136

（2）选择"文件 > 导入"命令，弹出"导入"对话框，选择本书学习资源中的"Ch05\抠像效果\素材\ 01 和 02"文件，单击"打开"按钮，导入视频文件，如图 5-137 所示。导入后的文件排列在"项目"面板中，如图 5-138 所示。

图 5-137 图 5-138

（3）在"项目"面板中选中"01"文件，并将其拖曳到"时间轴"面板中的"视频 1"轨道上，弹出"剪辑不匹配警告"对话框，如图 5-139 所示，单击"更改序列设置"按钮，将"01"文件放置在"视频 1"轨道中，如图 5-140 所示。

图 5-139 图 5-140

（4）在"项目"面板中选中"02"文件，并将其拖曳到"时间轴"面板中的"视频 2"轨道上，如图 5-141 所示。在"时间轴"面板中选中"视频 2"轨道中的"02"文件，如图 5-142 所示。

图 5-141 图 5-142

（5）选择"窗口 > 效果控件"命令，弹出"效果控件"面板，展开"运动"选项，将"缩放"选项设为 150.0，如图 5-143 所示。在"节目"面板中预览效果，如图 5-144 所示。

图 5-143 图 5-144

2．抠出视频飞机图像

（1）选择"窗口 > 效果"命令，弹出"效果"面板，展开"视频效果"分类选项，单击"键控"文件夹左侧的三角形按钮 ⟩ 将其展开，选中"颜色键"特效，如图 5-145 所示。将"颜色键"特效拖曳到"时间轴"面板中"视频 2"轨道的"02"文件上，如图 5-146 所示。

图 5-145　　　　　　　　　　　　　　　　图 5-146

（2）在"效果控件"面板中，展开"颜色键"特效，单击"主要颜色"选项右侧的吸管工具 ⟋，在"节目"面板中单击要抠去的颜色，吸取颜色后，调节各项参数，观察抠像效果，如图 5-147 所示。在"节目"面板中预览效果，如图 5-148 所示。

图 5-147　　　　　　　　　　　　　　　　图 5-148

（3）抠像效果制作完成，如图 5-149 所示。

图 5-149

5.3.5　9种抠像方式的运用

Premiere Pro CC 2018 自带了9种键控特效，下面讲解各种键控特效的使用方法。

1．Alpha 调整

该特效主要通过调整当前素材的 Alpha 通道信息（即改变 Alpha 通道的透明度），使当前素材与其下面的素材产生不同的叠加效果。如果当前素材不包含 Alpha 通道，改变的将是整个素材的透明度。应用该特效后，其参数面板如图 5-150 所示。

图 5-150

不透明度：用于调整画面的不透明度。

忽略 Alpha：勾选此复选框，可以忽略 Alpha 通道。

反转 Alpha：勾选此复选框，可以对通道进行反向处理。

仅蒙版：勾选此复选框，可以将通道作为蒙版使用。

应用"Alpha 调整"特效的效果如图 5-151、图 5-152 和图 5-153 所示。

图 5-151

图 5-152

图 5-153

2．亮度键

运用该特效，可以将被叠加图像的灰色值设置为透明，而且保持色度不变。该特效对明暗对比十分强烈的图像非常有用。应用"亮度键"特效的效果如图 5-154、图 5-155 和图 5-156 所示。

图 5-154

图 5-155

图 5-156

3．图像遮罩键

运用该特效，可以将相邻轨道上的素材作为被叠加的底纹背景素材。相对于底纹而言，前面画面中的白色区域是不透明的，背景画面的相关部分不能显示出来，黑色区域是透明的，灰色区域为部分透明。如果想保持前面的色彩，那么作为底纹图像，最好选用灰度图像。应用"图像遮罩键"特效的效果如图 5-157 和图 5-158 所示。

图 5-157　　　　　　　　　　　　图 5-158

4. 差值遮罩

该特效可以叠加两个图像相互不同部分的纹理，保留对方的纹理颜色。应用"差值遮罩"特效的效果如图 5-159、图 5-160 和图 5-161 所示。

图 5-159　　　　　　　　图 5-160　　　　　　　　图 5-161

5. 移除遮罩

该特效可以将原有的遮罩移除，如将画面中的白色区域或黑色区域进行移除。图 5-162 所示为"移除遮罩"特效的设置。

6. 超级键

该特效通过指定某种颜色，可以在选项中调整容差值等参数，来显示素材的透明效果。应用"超级键"特效的效果如图 5-163、图 5-164 和图 5-165 所示。

图 5-162

图 5-163　　　　　　　　图 5-164　　　　　　　　图 5-165

7. 轨道遮罩键

该特效将遮罩层进行适当比例的缩小，并显示在原图层上。应用"轨道遮罩键"特效的效果如图 5-166、图 5-167 和图 5-168 所示。

图 5-166   图 5-167   图 5-168

8. 非红色键

该特效可以叠加具有蓝色背景的素材，并使这类背景产生透明效果。应用"非红色键"特效的效果如图 5-169、图 5-170 和图 5-171 所示。

图 5-169   图 5-170   图 5-171

9. 颜色键

使用"颜色键"特效，可以根据指定的颜色将素材中像素值相同的颜色设置为透明。应用"颜色键"特效的效果如图 5-172、图 5-173 和图 5-174 所示。

图 5-172   图 5-173   图 5-174

课堂练习——去除背景

【练习知识要点】用"颜色键"特效抠出人物图像，去除背景效果如图 5-175 所示。

【效果所在位置】Ch05\去除背景\去除背景. prproj。

图 5-175

课后习题——更换颜色

【习题知识要点】使用"更改颜色"特效改变图像的颜色，更换颜色效果如图 5-176 所示。

【效果所在位置】Ch05\更换颜色\更换颜色.prproj。

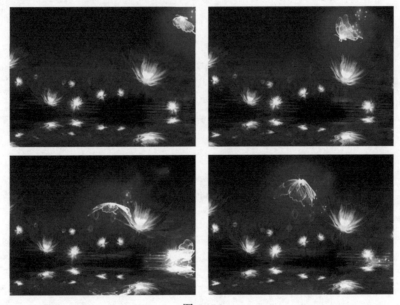

图 5-176

第**6**章 字幕与字幕特技

本章介绍

本章主要对字幕的创建、编辑、修饰、保存、字幕窗口中的各项功能及使用方法进行详细的介绍。通过对本章的学习，读者能快速掌握创建及编辑字幕的技巧。

学习目标

- 熟悉新版字幕的创建方法。
- 了解"字幕"编辑面板。
- 掌握创建字幕文字对象的方法。
- 熟练掌握编辑与修饰字幕文字的方法。
- 了解开放式字幕的创建方法。
- 掌握开放式字幕的编辑属性。

技能目标

- 熟练掌握"化妆品广告"的制作方法。
- 熟练掌握"火锅广告"的制作方法。

6.1　创建字幕

在 Premiere Pro CC 2018 中，可以使用"文字"工具直接在"节目"面板中输入文字，再利用"效果控件"面板和"基本图形"面板修改文字的属性。

6.1.1　创建新版字幕

在工具箱中选择"文字"工具 T，在"节目"面板中单击鼠标输入点文字，或拖曳一个文本框输入段落文字，如图 6-1 所示。输入完成后，在"时间轴"面板中的"视频"轨道上自动生成一个字幕，字幕的名称将会以输入的文字进行命名，如图 6-2 所示。

图 6-1　　　　　　　　　　　　　　　　图 6-2

6.1.2　设置文字属性

1. 利用"效果控件"面板设置文本属性

选择"文字"工具 T，在"节目"面板中输入文字。选择"窗口 > 效果控件"命令，弹出"效果控件"面板，在该面板中可以设置文字的布局、排列及属性，如图 6-3 所示。

2. 利用"基本图形"面板设置文本属性

选择"文字"工具 T，在"节目"面板中输入文字。选择"窗口 > 基本图形"命令，弹出"基本图形"面板，在该面板中可以对图形和文字进行设置，如图 6-4 所示。

"基本图形"面板中有"浏览"和"编辑"两个选项卡："浏览"选项卡提供一些设定的模板，可以将模板直接拖曳到视频轨道上进行应用；"编辑"模式可分为布局、主样式、文本和外观几个区域。

"新建图层"按钮 ：单击此按钮，可以创建文字或图形。

"布局"区域：可以设置文字的固定锚点、对齐、定位、缩放、旋转和不透明度等操作。

"主样式"区域：可以选择或创建文本样式。

"文本"区域：可以设置文字的基本属性。

"外观"区域：可以设置文字的填充、描边和阴影。

图 6-3   图 6-4

6.2   创建标题字幕

内容简短且具有文字效果的影片标题字幕，可以在"字幕"编辑面板中创建和处理。下面讲解"字幕"编辑面板的使用方法和技巧。

6.2.1   "字幕"编辑面板概述

选择"文件 > 新建 > 旧版标题"命令，弹出"新建字幕"对话框，如图 6-5 所示。单击"确定"按钮，弹出字幕编辑面板，如图 6-6 所示，文字的创建、编辑及处理都可以在该面板中完成。其功能非常强大，不仅可以创建各种各样的文字效果，而且能够绘制各种图形，为用户的字幕编辑工作提供很大的便捷。

图 6-5

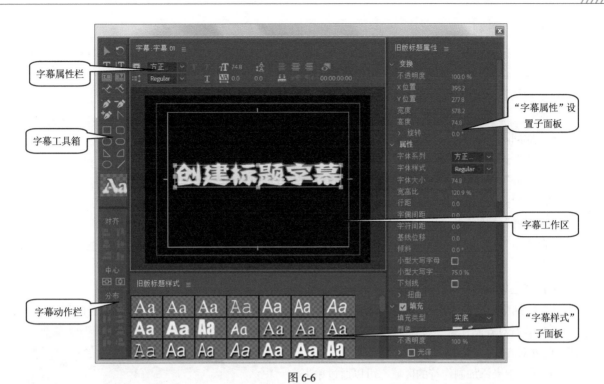

图 6-6

Premiere Pro CC 2018 的"字幕"面板主要由字幕属性栏、字幕工具箱、字幕动作栏、"字幕属性"设置子面板、字幕工作区和"字幕样式"子面板 6 部分组成。

6.2.2　字幕属性栏

字幕属性栏主要用于设置字幕的运动类型、字体、加粗、斜体和下划线等。

"基于当前字幕新建字幕"按钮 ：单击该按钮，将弹出如图 6-7 所示的对话框，在该对话框中，可以为字幕文件重新命名。

"滚动/游动选项"按钮 ：单击该按钮，将弹出"滚动/游动选项"对话框，如图 6-8 所示，在该对话框中可以设置字幕的运动类型。

图 6-7　　　　　　　　　　　　　　　　　　　　图 6-8

"字体"列表 方正__ ：在此下拉列表中可以选择字体。

"字体样式"列表 ：在此下拉列表中可以设置字形。

"粗体"按钮 **T**：单击该按钮，可以将当前选中的文字加粗。

"斜体"按钮 *T*：单击该按钮，可以将当前选中的文字倾斜。

"下划线"按钮 **T**：单击该按钮，可以为文字设置下划线。

"大小"选项：在此选项可以设置字体大小。

"字偶间距"选项 **VA**：在此选项可以设置文字间距。

"行距"选项：在此选项可以设置行距。

"左对齐"按钮：单击该按钮，将所选对象进行左边对齐。

"居中对齐"按钮：单击该按钮，将所选对象进行居中对齐。

"右对齐"按钮：单击该按钮，将所选对象进行右边对齐。

"制表位"按钮：单击该按钮，将弹出如图 6-9 所示的对话框，该对话框中各个按钮的主要功能如下。

（1）"左对齐制作符"按钮：字符的最左侧都在此处对齐。

（2）"居中对齐制作符"按钮：字符一分为二，字符串的中间位置就是这个制表符的位置。

（3）"右对齐制作符"按钮：字符的最右侧都在此处对齐。

对话框中未添加制作符的区域，可以通过单击刻度尺上方的浅灰色区域来添加制表符。

"显示背景视频"按钮：显示当前时间光标所处的位置，可以在时间码的位置输入一个有效的时间值，调整当前显示画面。

图 6-9

6.2.3 字幕工具箱

字幕工具箱提供了一些制作文字与图形的常用工具，如图 6-10 所示。利用这些工具，可以为影片添加标题及文本、绘制几何图形和定义文本样式等。

"选择"工具：用于选择某个对象或文字。选中某个对象后，在对象的周围会出现带有 8 个控制手柄的矩形，拖曳控制手柄可以调整对象的大小和位置。

"旋转"工具：用于对所选对象进行旋转操作。使用旋转工具时，必须先使用选择工具选中对象，然后再使用旋转工具，单击并按住鼠标拖曳即可旋转对象。

"文字"工具 **T**：使用该工具，在字幕工作区中单击，出现文字输入光标，在光标闪烁的位置可以输入文字。另外，使用该工具也可以对输入的文字进行修改。

"垂直文字"工具 **IT**：使用该工具，可以在字幕工作区中输入垂直文字。

"区域文字"工具：单击该按钮，在字幕工作区中可以拖曳出文本框。

"垂直区域文字"工具：单击该按钮，可在字幕工作区中拖曳出垂直文本框。

图 6-10

"路径文字"工具：使用该工具可先绘制一条路径，然后输入文字，且输入的文字平行于路径。

"垂直路径文字"工具：使用该工具可先绘制一条路径，然后输入文字，且输入的文字垂直于路径。

"钢笔"工具：用于创建路径或调整使用平行或垂直路径工具所输入文字的路径。将钢笔工具置于路径的定位点或手柄上，可以调整定位点的位置和路径的形状。

"删除锚点"工具：用于在已创建的路径上删除定位点。

"添加锚点"工具：用于在已创建的路径上添加定位点。

"转换锚点"工具：用于调整路径的形状，将平滑定位点转换为角定位点，或将定位点转换为平滑定位点。

"矩形"工具：使用该工具可以绘制矩形。

"圆角矩形"工具：使用该工具可以绘制圆角矩形。

"切角矩形"工具：使用该工具可以绘制切角矩形。

"圆角矩形"工具：使用该工具可以绘制圆矩形。

"楔形"工具：使用该工具可以绘制三角形。

"弧形"工具：使用该工具可以绘制圆弧，即扇形。

"椭圆"工具：使用该工具可以绘制椭圆形。

"直线"工具：使用该工具可以绘制直线。

图 6-11 所示为使用各个图形绘制工具绘制的图形效果。

> **提示**　在绘制图形时，可以根据需要结合使用 Shift 键，这样可以快捷地绘制出需要的图形。例如，使用矩形工具，按住 Shift 键可以绘制正方形；使用椭圆工具，按住 Shift 键可以绘制圆形。

在绘制的图形上单击鼠标右键，将弹出如图 6-12 所示的菜单，在"图形类型"子菜单中单击相应的命令，即可在各种图形之间进行转换，甚至可以将不规则的图形转换成规则的图形。

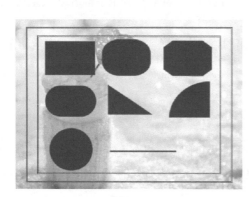

图 6-11

图 6-12

6.2.4　字幕动作栏

字幕动作栏中的各个按钮主要用于快速地排列或者分布文字，如图 6-13 所示。

"水平靠左"按钮：以选中的文字或图形左垂直线为基准对齐。

"垂直靠上"按钮：以选中的文字或图形顶部水平线为基准对齐。

"水平居中"按钮：以选中的文字或图形垂直中心线为基准对齐。

"垂直居中"按钮：以选中的文字或图形水平中心线为基准对齐。

"水平靠右"按钮：以选中的文字或图形右垂直线为基准对齐。

"垂直靠下"按钮：以选中的文字或图形底部水平线为基准对齐。

"垂直居中"按钮：使选中的文字或图形在屏幕垂直居中。

"水平居中"按钮：使选中的文字或图形在屏幕水平居中。

"水平靠左"按钮：以选中的文字或图形的左垂直线来分布文字或图形。

"垂直靠上"按钮：以选中的文字或图形的顶部线来分布文字或图形。

"水平居中"按钮：以选中的文字或图形的垂直中心来分布文字或图形。

"垂直居中"按钮：以选中的文字或图形的水平中心来分布文字或图形。

"水平靠右"按钮：以选中的文字或图形的右垂直线来分布文字或图形。

"垂直靠下"按钮：以选中的文字或图形的底部线来分布文字或图形。

"水平等距间隔"按钮：以屏幕的垂直中心线来分布文字或图形。

"垂直等距间隔"按钮：以屏幕的水平中心线来分布文字或图形。

图 6-13

6.2.5 字幕工作区

字幕工作区是制作字幕和绘制图形的工作区，它位于"字幕"编辑面板的中心，在工作区中有两个白色的矩形线框，其中内线框是安全字幕边距，外线框是安全动作边距。如果文字或者图像放置在动作安全框之外，一些 NTSC 制式的电视中，这部分内容将不会被显示出来，即使能够显示，很可能会出现模糊或者变形现象。因此，在创建字幕时最好将文字和图像放置在安全边距之内。

如果字幕工作区中没有显示安全区域线框，可以通过以下两种方法显示。

（1）在字幕工作区中单击鼠标右键，在弹出的菜单中选择"视图 > 安全字幕边距/安全动作边距"命令即可。

（2）单击"字幕"面板左上角的 按钮，在弹出的菜单中选择"安全字幕边距或安全动作边距"命令。

6.2.6 "字幕样式"子面板

在 Premiere Pro CC 2018 中，使用"字幕样式"子面板可以制作出令人满意的字幕效果。"字幕样式"子面板位于"字幕"编辑面板的中下部，其中包含了各种已经设置好的文字效果和多种字体效果，如图 6-14 所示。

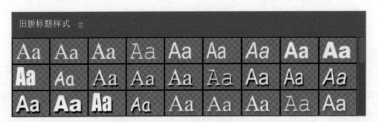

图 6-14

如果要为一个对象应用预设的风格效果，只需选中该对象，然后在"字幕样式"子面板中单击要应用的风格效果即可，如图 6-15 和图 6-16 所示。

图 6-15

图 6-16

6.2.7 "字幕属性"设置子面板

在字幕工作区中输入文字后，可在位于"字幕"编辑面板右侧的"字幕属性"设置子面板中设置文字的具体属性参数，如图 6-17 所示。"字幕属性"设置子面板分为 6 个部分，分别为"变换""属性""填充""描边""阴影"和"背景"，各个部分主要作用如下。

变换：可以设置对象的位置、高度、宽度、旋转角度，以及不透明度等相关属性。

属性：可以设置对象的一些基本属性，如文本的大小、字体、字间距、行间距和字形等。

填充：可以设置文本或者图形对象的颜色和纹理。

描边：可以设置文本或者图形对象的边缘，使边缘与文本或者图形主体呈现不同的颜色。

阴影：可以为文本或者图形对象设置各种阴影属性。

背景：设置字幕的背景色及背景色的各种属性。

图 6-17

6.3 创建字幕文字对象

利用字幕工具箱中的各种文字工具，用户可以非常方便地创建出水平排列或垂直排列的文字，也可以创建出沿路径行走的文字，以及水平或者垂直段落文字。

6.3.1 课堂案例——化妆品广告

【案例学习目标】输入水平文字。

【案例知识要点】使用"旧版标题"命令创建并编辑文字，使用"时间轴"面板控制文字的出场顺序，使用"效果控件"面板设置位置、不透明选项并设置动画，化妆品广告效果如图 6-18 所示。

【效果所在位置】Ch06\化妆品广告\化妆品广告. prproj。

图 6-18

1. 创建字幕

（1）启动 Premiere Pro CC 2018 软件，弹出"开始"界面，单击"新建项目"按钮 新建项目... ，弹出"新建项目"对话框，设置"位置"选项，选择保存文件的路径，在"名称"文本框中输入文件名"化妆品广告"，如图 6-19 所示，单击"确定"按钮，完成项目的创建。按 Ctrl+N 组合键，弹出"新建序列"对话框，在左侧的列表中展开"DV-PAL"选项，选中"标准 48kHz"模式，如图 6-20 所示，单击"确定"按钮，完成序列的创建。

图 6-19

图 6-20

（2）选择"文件 > 导入"命令，弹出"导入"对话框，选择本书学习资源中的"Ch06\化妆品广告\素材\01"文件，如图 6-21 所示，单击"打开"按钮，导入文件。导入后的文件排列在"项目"面板中，如图 6-22 所示。在"项目"面板中选中"01"文件并将其拖曳到"时间轴"面板中的"视频 1"轨道上。

图 6-21　　　　　　　　　　　　　　　　图 6-22

（3）选择"文件 > 新建 > 旧版标题"命令，弹出"新建字幕"对话框，如图 6-23 所示。单击"确定"按钮，弹出字幕编辑面板，选择"文字"工具 **T**，在字幕工作区中输入"补水清凉 持久滋润"。在字幕属性栏中，展开"填充"选项组，将"填充类型"设为"实底"，"颜色"选项设为蓝色（R、G、B 的值为 0、101、151）；展开"描边"选项组，单击"外描边"右侧的"添加"选项，将"类型"设为"边缘"选项，"大小"选项设为 30，"填充类型"设为"实底"选项，"颜色"选项设为白色，其他设置如图 6-24 所示。关闭字幕编辑面板，新建的字幕文件自动保存到"项目"面板中。

图 6-23　　　　　　　　　　　　　　　　图 6-24

（4）选择"文件 > 新建 > 旧版标题"命令，弹出"新建字幕"对话框，如图 6-25 所示。单击"确定"按钮，弹出字幕编辑面板，选择"文字"工具 **T**，在字幕工作区中输入"紧致弹滑令肌肤更加水亮迷人"，其他设置如图 6-26 所示。关闭字幕编辑面板，新建的字幕文件自动保存到"项目"面板中。

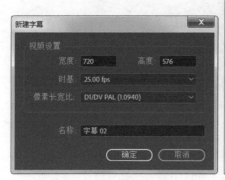

图 6-25   图 6-26

（5）选择"文件 > 新建 > 旧版标题"命令，弹出"新建字幕"对话框，如图 6-27 所示。单击"确定"按钮，弹出字幕编辑面板，选择"文字"工具 T，在字幕工作区中输入"限时抢购"，其他设置如图 6-28 所示。关闭字幕编辑面板，新建的字幕文件自动保存到"项目"面板中。

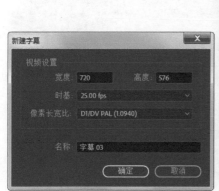

图 6-27   图 6-28

（6）选择"文件 > 新建 > 旧版标题"命令，弹出"新建字幕"对话框，如图 6-29 所示。单击"确定"按钮，弹出字幕编辑面板，选择"文字"工具 T，在字幕工作区中输入"￥ 69"，其他设置如图 6-30 所示。

（7）选中字符"￥"，在字幕属性栏中进行设置，如图 6-31 所示；选中数字"69"，在字幕属性栏中进行设置，如图 6-32 所示。关闭字幕编辑面板，新建的字幕文件自动保存到"项目"面板中。

图 6-29　　　　　　　　　　　　　　　　　　图 6-30

图 6-31　　　　　　　　　　　　　　　　　　图 6-32

2．制作文字动画

（1）在"项目"面板中选中"字幕 01"文件，并将其拖曳到"时间轴"面板中的"视频 2"轨道上，如图 6-33 所示。在"时间轴"面板中选中"视频 2"轨道中的"字幕 01"文件，如图 6-34 所示。

图 6-33　　　　　　　　　　　　　　　　　　图 6-34

（2）选择"窗口 > 效果控件"命令，弹出"效果控件"面板，展开"运动"选项，将"位置"选项设为 10.0 和 288.0，单击"位置"选项左侧的"切换动画"按钮，记录第 1 个动画关键帧，如图 6-35 所示。

187

（3）将时间标签放置在 00:00:01:00 的位置，在"效果控件"面板中，将"位置"选项设为 360.0 和 288.0，记录第 2 个动画关键帧，如图 6-36 所示。

图 6-35　　　　　　　　　　　　　　　　　图 6-36

（4）在"项目"面板中选中"字幕 02"文件，将其拖曳到"时间轴"面板中的"视频 3"轨道上，如图 6-37 所示。将鼠标光标放在"字幕 02"文件的结束位置，当鼠标光标呈 状时，向左拖曳鼠标到"字幕 01"文件的结束位置上，如图 6-38 所示。

图 6-37　　　　　　　　　　　　　　　　　图 6-38

（5）在"效果控件"面板中，展开"不透明度"选项，将"不透明度"选项设为 0%，记录第 1 个动画关键帧，如图 6-39 所示。将时间标签放置在 00:00:01:15 的位置上，在"效果控件"面板中，将"不透明度"选项设为 100.0%，记录第 2 个动画关键帧，如图 6-40 所示。

图 6-39　　　　　　　　　　　　　　　　　图 6-40

（6）选择"序列 > 添加轨道"命令，在弹出的"添加轨道"对话框中进行设置，如图 6-41 所示，单击"确定"按钮，完成轨道的添加，"时间轴"面板如图 6-42 所示。

图 6-41 图 6-42

（7）在"项目"面板中选中"字幕 03"文件，并将其拖曳到"时间轴"面板中的"视频 4"轨道上，如图 6-43 所示。将鼠标光标放在"字幕 03"文件的结束位置，当鼠标光标呈◄┃状时，向左拖曳鼠标到"字幕 02"文件的结束位置，如图 6-44 所示。

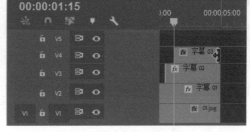

图 6-43 图 6-44

（8）在"效果控件"面板中，展开"位置"选项，将"位置"选项设为 220.0 和 288.0，单击"位置"选项左侧的"切换动画"按钮◎，记录第 1 个动画关键帧，如图 6-45 所示。将时间标签放置在00:00:02:00 的位置，将"位置"选项设为 360.0 和 288.0，记录第 2 个动画关键帧，如图 6-46 所示。

图 6-45 图 6-46

（9）在"项目"面板中选中"字幕 04"文件并将其拖曳到"时间轴"面板中的"视频 5"轨道上，如图 6-47 所示。将鼠标光标放在"字幕 04"文件的结束位置，当鼠标光标呈◄┃状时，向左拖曳鼠标到

"字幕 03"文件的结束位置，如图 6-48 所示。

图 6-47	图 6-48

（10）在"效果控件"面板中，展开"不透明度"选项，将"不透明度"选项设为 0%，记录第 1 个动画关键帧，如图 6-49 所示。将时间标签放置在 00:00:02:15 的位置，在"效果控件"面板中，将"不透明度"选项设为 100.0%，记录第 2 个动画关键帧，如图 6-50 所示。

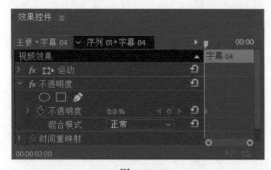

图 6-49	图 6-50

（11）化妆品广告制作完成，如图 6-51 所示。

图 6-51

6.3.2 创建水平或垂直排列文字

打开"字幕"编辑面板后，可以根据需要，利用字幕工具箱中的"文字"工具 T 和"垂直文字"工具 T 创建水平排列或者垂直排列的字幕文字，其具体操作步骤如下。

（1）在字幕工具箱中选择"文字"工具 **T** 或"垂直文字"工具 **T**。

（2）在"字幕"编辑面板的字幕工作区中单击并输入文字即可，如图 6-52 和图 6-53 所示。

图 6-52 图 6-53

6.3.3　创建路径文字

利用字幕工具箱中的平行或者垂直路径工具可以创建路径文字，具体操作步骤如下。

（1）在字幕工具箱中选择"路径文字"工具 或"垂直路径文字"工具 。

（2）移动鼠标光标到"字幕"编辑面板的字幕工作区中，此时，鼠标光标变为钢笔状，然后在需要输入的位置单击。

（3）将鼠标移动到另一个位置再次单击，此时会出现一条曲线，即文本路径。

（4）选择文字输入工具（任何一种都可以），在路径上单击并输入文字即可，如图 6-54 和图 6-55 所示。

 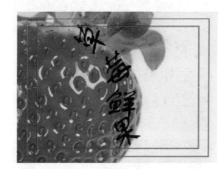

图 6-54 图 6-55

6.3.4　创建段落字幕文字

利用字幕工具箱中的文本框工具或垂直文本框工具可以创建段落文本，其具体操作步骤如下。

（1）在字幕工具箱中选择"区域文字"工具 或"垂直区域文字"工具 。

（2）将鼠标光标移动到"字幕"编辑面板的字幕工作区中，单击鼠标并按住左键不放，从左上角向右下角拖曳出一个矩形框，然后输入文字，效果如图 6-56 和图 6-57 所示。

图 6-56　　　　　　　　　　　　　　　　　　　图 6-57

6.4　编辑与修饰字幕文字

字幕创建完成以后，还需要对字幕进行相应的编辑和修饰，下面进行详细介绍。

6.4.1　课堂案例——火锅广告

【案例学习目标】输入垂直文字。

【案例知识要点】使用"旧版标题"命令创建并编辑文字，使用"滚动/游动选项"按钮制作文字运动效果，使用"球面化"特效制作球面效果，火锅广告效果如图 6-58 所示。

【效果所在位置】Ch06\火锅广告\火锅广告. prproj。

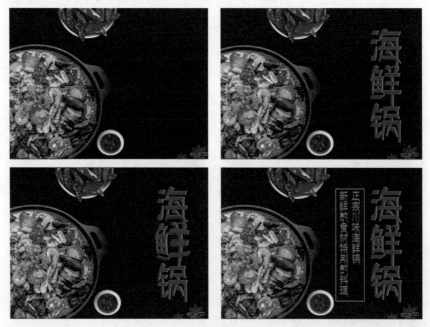

图 6-58

（1）启动 Premiere Pro CC 2018 软件，弹出"开始"界面，单击"新建项目"按钮 新建项目...，弹出"新建项目"对话框，设置"位置"选项，选择保存文件的路径，在"名称"文本框中输入文件名"火锅广告",如图 6-59 所示,单击"确定"按钮,完成项目的创建。按 Ctrl+N 组合键,弹出"新建序列"对话框,在左侧的列表中展开"DV-PAL"选项,选中"标准 48kHz"模式,如图 6-60 所示,单击"确定"按钮,完成序列的创建。

图 6-59　　　　　　　　　　　　　　　　　图 6-60

（2）选择"文件 > 导入"命令,弹出"导入"对话框,选择本书学习资源中的"Ch06\火锅广告\素材\ 01"文件,如图 6-61 所示,单击"打开"按钮,导入文件。导入后的文件排列在"项目"面板中,如图 6-62 所示。在"项目"面板中选中"01"文件,并将其拖曳到"时间轴"面板中的"视频1"轨道上。

图 6-61　　　　　　　　　　　　　　　　　图 6-62

（3）选择"文件 > 新建 > 旧版标题"命令,弹出"新建字幕"对话框,如图 6-63 所示。单击"确定"按钮,弹出字幕编辑面板,选择"垂直文字"工具,在字幕工作区中输入"海鲜锅",如图 6-64所示。

（4）在字幕属性栏中,展开"属性"选项组,将"字体系列"选项设为"方正藏体简体","字体大小"选项设为 145,其他选项的设置如图 6-65 所示,效果如图 6-66 所示。

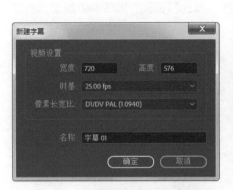

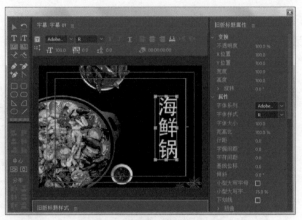

图 6-63　　　　　　　　　　　　　　　　　　　图 6-64

图 6-65　　　　　　　　　　　　　　　　　　　图 6-66

（5）展开"填充"选项组，将"填充类型"设为"实底"，"颜色"选项设为红色（R、G、B 的值为 186、0、0）；展开"描边"选项组，单击"外描边"右侧的"添加"选项，将"类型"设为"深度"选项，"大小"选项设为 10，"填充类型"设为"实底"选项，"颜色"选项设为土黄色（R、G、B 的值为 195、133、89），其他设置如图 6-67 所示，效果如图 6-68 所示。

图 6-67　　　　　　　　　　　　　　　　　　　图 6-68

（6）单击"滚动/游动选项"按钮，在弹出的"滚动/游动选项"对话框中，选中"向左游动"

单选项，在"定时（帧）"栏中勾选"开始于屏幕外"复选框，其他参数的设置如图 6-69 所示，单击"确定"按钮，再单击面板右上角的"关闭"按钮，关闭字幕编辑面板，返回到 Premiere Pro CC 2018 的工作界面，此时制作的字符将会自动保存在"项目"面板中，如图 6-70 所示。

图 6-69

图 6-70

（7）选择"文件 > 新建 > 旧版标题"命令，弹出"新建字幕"对话框，如图 6-71 所示。单击"确定"按钮，弹出字幕编辑面板，选择"垂直文字"工具，在字幕工作区中输入"正宗川味海鲜锅 新鲜的食材特别的料理"，在字幕属性栏中，展开"填充"选项组，将"填充类型"设为"实底"，"颜色"选项设为土黄色（R、G、B 的值为 195、133、89），其他设置如图 6-72 所示。

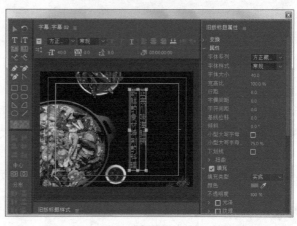

图 6-71

图 6-72

（8）选择"矩形"工具，在字幕工作区中绘制矩形，在字幕属性栏中，取消勾选"填充"复选框，展开"描边"选项组，单击"内描边"右侧的"添加"选项，将"类型"选项设为"边缘"，"大小"选项设为 3，"颜色"选项设为土黄色（R、G、B 的值为 195、133、89），其他设置如图 6-73 所示。

（9）单击"滚动/游动选项"按钮，在弹出的"滚动/游动选项"对话框中，选中"滚动"单选项，在"定时（帧）"栏中勾选"开始于屏幕外"复选框，其他参数的设置如图 6-74 所示，单击"确定"按钮，再单击面板右上角的"关闭"按钮，关闭字幕编辑面板，返回到 Premiere Pro CC 2018 的工作界面，此时制作的字符将会自动保存在"项目"面板中。

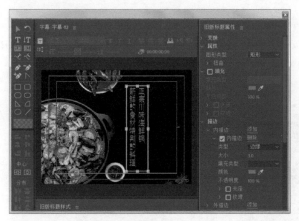

图 6-73

图 6-74

（10）在"项目"面板中选中"字幕 01"文件，并将其拖曳到"时间轴"面板中的"视频 2"轨道上，如图 6-75 所示。选择"窗口 > 效果"命令，弹出"效果"面板，展开"视频效果"分类选项，单击"扭曲"文件夹左侧的三角形按钮 > 将其展开，选中"球面化"特效。将"球面化"特效拖曳到"时间轴"面板中"视频 2"轨道的"字幕 01"文件上，如图 6-76 所示。

图 6-75

图 6-76

（11）将时间标签放置在 00:00:01:05 的位置上，选择"窗口 > 效果控件"命令，弹出"效果控件"面板，展开"球面化"特效，将"半径"选项设为 90.0，"球面中心"选项设为 596.0 和 - 2.0，单击"球面中心"选项左侧的"切换动画"按钮 ⓞ，记录第 1 个动画关键帧，如图 6-77 所示。

（12）将时间标签放置在 00:00:02:00 的位置上，在"效果控件"面板中，将"球面中心"选项设为 596.0 和 685.0，记录第 2 个动画关键帧，如图 6-78 所示。

图 6-77

图 6-78

（13）将时间标签放置在 00:00:01:05 的位置上，在"项目"面板中选中"字幕 02"文件并将其拖曳到"时间轴"面板中的"视频 3"轨道上，如图 6-79 所示。将鼠标光标放在"字幕 02"文件的结束位置，当鼠标光标呈 ◄ 状时，向前拖曳鼠标到"字幕 01"文件的结尾位置，如图 6-80 所示。火锅广告制作完成。

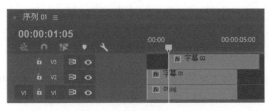

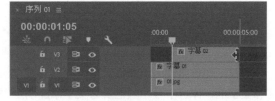

图 6-79　　　　　　　　　　　　　　　　　　图 6-80

6.4.2　编辑字幕文字

1．文字对象的选择与移动

（1）选择"选择"工具 ，将鼠标光标移动至字幕工作区，单击要选择的字幕文本即可将其选中，此时在字幕文字的四周将出现带有 8 个控制点的矩形框，如图 6-81 所示。

（2）在字幕文字处于选中的状态下，将鼠标光标移动至矩形框内，单击鼠标并按住左键进行拖曳即可实现文字对象的移动，如图 6-82 所示。

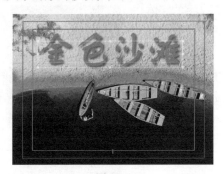

图 6-81　　　　　　　　　　　　　　　　　　图 6-82

2．文字对象的缩放和旋转

（1）选择"选择"工具 ，单击文字对象将其选中。

（2）将鼠标光标移至矩形框的任意一个点，当鼠标光标呈 、 或 状时，单击并按住鼠标右键拖曳即可实现缩放。如果按住 Shift 键的同时拖曳光标，可以等比例缩放，如图 6-83 所示。

（3）在文字处于选中的情况下选择"旋转"工具 ，将鼠标光标移动至工作区，单击鼠标并按住左键拖曳即可实现旋转操作，如图 6-84 所示。

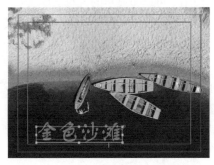

图 6-83　　　　　　　　　　　　　　　　　　图 6-84

6.4.3 设置字幕属性

通过"字幕属性"子面板，用户可以非常方便地对字幕文字进行修饰，包括调整其位置、不透明度和文字的字体、字号、颜色及为文字添加阴影等。

1. 变换设置

在"字幕属性"子面板的"变换"栏中，可以对字幕文字或图形的不透明度、位置、高度、宽度以及旋转等属性进行操作，如图6-85 所示。

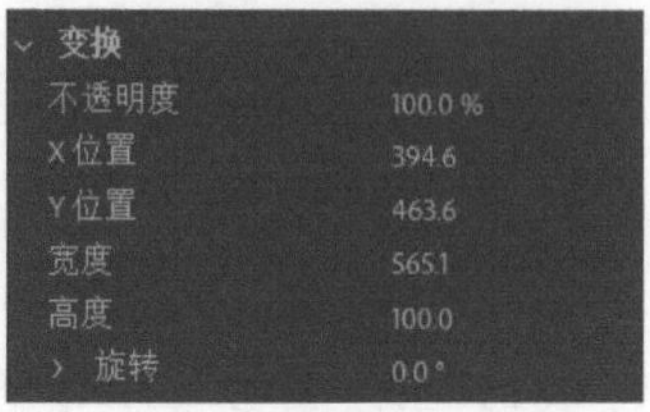

图 6-85

不透明度：设置字幕文字或图形对象的不透明度。

X 位置/Y 位置：设置文字在画面中所处的位置。

宽度/高度：设置文字的宽度/高度。

旋转：设置文字旋转的角度。

2. 属性设置

在"字幕属性"子面板的"属性"栏中可以对字幕文字的字体和字体的大小、外观以及字距、扭曲等一些基本属性进行设置，如图 6-86 所示。

字体系列：在此选项右侧的下拉列表中可以选择字体。

字体样式：在此选项右侧的下拉列表中可以设置字体类型。

字体大小：设置文字的大小。

宽高比：设置文字在水平方向上进行比例缩放。

行距：设置文字的行间距。

字偶间距：设置相邻文字之间的水平距离。

字符间距：其功能与"字距"类似，两者的区别是对选择的

图 6-86

多个字符进行字间距的调整。"字距"选项会保持选择的多个字符的位置不变，向右平均分配字符间距，而"跟踪"选项会平均分配所选择的每一个相邻字符的位置。

基线位移：设置文字偏离水平中心线的距离，主要用于创建文字的上标和下标。

倾斜：设置文字的倾斜程度。

小型大写字母：勾选该复选框，可以将所选的小写字母变成大写字母。

小型大写字母大小：该选项配合"大写字母"选项使用，可以将显示的大写字母放大或缩小。

下划线：勾选此复选框，可以为文字添加下划线。

扭曲：用于设置文字在水平或垂直方向的变形。

3. 填充设置

在"字幕属性"子面板的"填充"栏中，主要用于设置字幕文字或者图形的填充类型、色彩和不透明度等属性，如图 6-87 所示。

图 6-87

填充类型：单击该选项右侧的下拉按钮，在弹出的下拉列表中可以选择需要填充的类型，共有 7 种方式。

（1）实底：使用一种颜色进行填充，这是系统默认的填充方式。

（2）线性渐变：使用两种颜色进行线性渐变填充。当选择该选项进行填充时，"颜色"选项变为渐

变颜色栏，分别单击选择一个颜色块，再单击"色彩到色彩"选项颜色块，在弹出的对话框中对渐变开始和渐变结束的颜色进行设置。

（3）径向渐变：该填充方式与"线性渐变"类似，不同之处是"线性渐变"使用两种颜色的线性过渡进行填充，而"放射渐变"则使用两种颜色填充后产生由中心向四周辐射的过渡。

（4）四色渐变：该填充方式使用 4 种颜色的渐变过渡来填充字幕文字或者图形，每种颜色占据文本的一个角。

（5）斜面：该填充方式使用一种颜色填充高光部分，另一种颜色填充阴影部分，再通过添加灯光应用可以使文字产生斜面，效果类似于立体浮雕。

（6）消除：该填充方式是将文字的实体填充的颜色消除，文字为完全透明。如果为文字添加了描边，采用该方式填充，则可以制作空心的线框文字效果；如果为文字设置了阴影，选择该方式，则只能留下阴影的边框。

（7）重影：该填充方式使填充区域变为透明，只显示阴影部分。

光泽：该选项用于为文字添加辉光效果。

纹理：使用该选项可以为字幕文字或者图形添加纹理效果，以增强文字或者图形的表现力。纹理填充的图像可以是位图，也可以是矢量图。

4. 描边设置

"描边"栏主要用于设置文字或者图形的描边效果，可以设置内部笔画和外部笔画，如图 6-88 所示。

用户可以选择使用"内描边"或"外描边"，也可以两者一起使用。应用描边效果，首先单击"添加"选项，添加需要的描边效果。两种描边效果的参数选项基本相同。

应用描边效果后，可以在"类型"下拉列表中选择描边模式。

深度：选择该选项后，可以在"大小"参数选项中设置边缘的宽度，在"颜色"参数中设定边缘的颜色，在"不透明度"参数选项中设置描边的不透明度，在"填充类型"下拉列表中选择描边的填充方式。

边缘：选择该选项，可以使字幕文字或图形产生一个厚度，呈现立体字的效果。

凹进：选择该选项，可以使字幕文字或图形产生一个分离的面，类似于产生透视的投影。

图 6-88

5. 阴影设置

"阴影"栏用于添加阴影效果，如图 6-89 所示。

颜色：设置阴影的颜色。单击该选项右侧的颜色块，在弹出的对话框中可以选择需要的颜色。

不透明度：设置阴影的不透明度。

角度：设置阴影的角度。

距离：设置文字与阴影之间的距离。

大小：设置阴影的大小。

扩展：设置阴影的扩展程度。

图 6-89

6.5 创建运动字幕

观看电影时，经常会看到影片的开头和结尾都有滚动文字，显示导演与演员的姓名等，或是影片中出现人物对白的文字。这些文字可以通过使用视频编辑软件添加到视频画面中。Premiere Pro CC 2018 中提供了垂直滚动和水平滚动字幕效果。

6.5.1 制作垂直滚动字幕

制作垂直滚动字幕的具体操作步骤如下。

（1）启动 Premiere Pro CC 2018，在"项目"面板中导入素材并将素材添加到"时间轴"面板中的视频轨道上。

（2）选择"文件 > 新建 > 旧版标题"命令，在弹出的"新建字幕"对话框中设置字幕的名称，单击"确定"按钮，打开"字幕"编辑面板，如图 6-90 所示。

图 6-90

（3）选择"文字"工具 ，在字幕工作区中单击并按住鼠标拖曳出一个文字输入的范围框，然后输入文字内容并对文字属性进行相应的设置，效果如图 6-91 所示。

（4）单击"滚动/游动选项"按钮，在弹出的对话框中选中"滚动"单选项，在"定时（帧）"栏中勾选"开始于屏幕外"和"结束于屏幕外"复选框，其他参数的设置如图 6-92 所示。

图 6-91

图 6-92

（5）单击"确定"按钮，再单击面板右上角的"关闭"按钮，关闭字幕编辑面板，返回到 Premiere Pro CC 2018 的工作界面，此时制作的字符将会自动保存在"项目"面板中。从"项目"面板中将新建的字幕添加到"时间轴"面板的"视频 2"轨道上，并将其调整为与轨道 1 中的素材等长，如图 6-93 所示。

（6）单击"节目"监视器窗口下方的"播放-停止切换"按钮 ▶ / ■ ，即可预览字幕的垂直滚动效果，如图 6-94 和图 6-95 所示。

图 6-93

图 6-94

图 6-95

6.5.2 制作横向滚动字幕

制作横向滚动字幕与制作垂直字幕的操作基本相同，其具体操作步骤如下。

（1）启动 Premiere Pro CC 2018，在"项目"面板中导入素材并将素材添加到"时间轴"面板中的视频轨道上，然后创建一个字幕文件。

（2）选择"文字"工具 **T**，在字幕工作区中输入需要的文字并对文字属性进行相应的设置，效果如图 6-96 所示。

（3）单击"滚动/游动选项"按钮 ，在弹出的对话框中选中"向右游动"单选项，在"定时（帧）"栏中勾选"开始于屏幕外"和"结束于屏幕外"复选框，其他参数设置如图 6-97 所示。

图 6-96

图 6-97

（4）单击"确定"按钮，再次单击面板右上角的"关闭"按钮，关闭字幕编辑面板，返回到 Premiere Pro CC 2018 的工作界面，此时制作的字符将会自动保存在"项目"面板中，从"项目"面板中将新建的字幕添加到"时间轴"面板的"视频 2"轨道上，如图 6-98 所示。

（5）单击"节目"监视器窗口下方的"播放-停止切换"按钮 ▶ / ■ ，即可预览字幕的横向滚动效果，如图 6-99 和图 6-100 所示。

图 6-98   图 6-99   图 6-100

6.6   创建开放式字幕

在 Premiere Pro CC 2018 中，可以使用命令制作和处理对白字幕和解说词等开放式字幕，还可以使用"字幕"面板编辑开放式字幕。

6.6.1   新建开放式字幕

选择"文件 > 新建 > 字幕"命令，弹出"新建字幕"对话框，将"标准"选项设为"开放式字幕"，其他选项的设置如图 6-101 所示，单击"确定"按钮，完成开放式字幕的创建。创建的字幕自动保存在"项目"面板中，如图 6-102 所示。

图 6-101   图 6-102

在"项目"面板中双击"开放式字幕"文件，弹出"字幕"面板，如图 6-103 所示。在字幕文本框中输入需要的文字，如图 6-104 所示。

图 6-103   图 6-104

6.6.2 设置文字属性

在"字幕"面板中，可以设置文字的字体、样式、对齐方式、颜色、背景颜色、文字位置等操作。

在"项目"面板中双击创建的开放式字幕，弹出"字幕"面板，在字幕文本框中输入文字并将其选中，在"字体"和"大小"选项中选择需要的字体和文字大小，如图 6-105 所示。单击"文本颜色"按钮□，弹出"拾色器"对话框，设置如图 6-106 所示，单击"确定"按钮，完成颜色的设置。

图 6-105

图 6-106

单击"背景颜色"按钮▣，激活此按钮，单击"文本颜色"按钮□，在弹出的"拾色器"对话框中进行设置，单击"确定"按钮，完成背景颜色的设置，如图 6-107 所示。

图 6-107

6.6.3 添加与删除字幕

在 Premiere Pro CC 2018 中，可以通过"字幕"面板和"时间轴"面板添加与删除开放式字幕。

1. 在"字幕"面板中添加与删除字幕

在"项目"面板中双击创建的开放式字幕，弹出"字幕"对话框，在字幕文本框中输入文字并设置文字属性，如图 6-108 所示，单击面板下方的"添加字幕"按钮，添加一个字幕，在字幕文本框中输入文字，如图 6-109 所示。

图 6-108

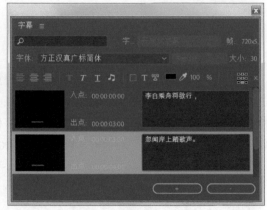

图 6-109

在"字幕"面板中选中要删除的字幕，如图 6-110 所示，单击面板下方的"删除字幕"按钮，将选中的字幕删除，如图 6-111 所示。

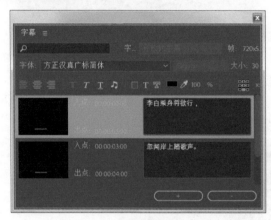

图 6-110

图 6-111

2. 在"时间轴"面板中添加与删除字幕

在"项目"面板中双击创建的开放式字幕，弹出"字幕"面板，在字幕文本框中输入文字并设置文字属性，如图 6-112 所示，单击"关闭"按钮，关闭字幕面板。在"项目"面板中选中该字幕，并将其拖曳到"时间轴"面板中的"视频 1"轨道上，如图 6-113 所示。

图 6-112

图 6-113

在"时间轴"面板中，用鼠标右键单击"开放式字幕"的空白区域，在弹出的菜单中选择"添加字幕"命令，如图 6-114 所示，添加一个空白字幕，如图 6-115 所示。

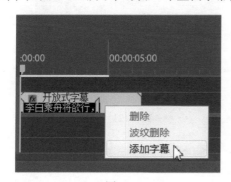

图 6-114　　　　　　　　　　　　　　图 6-115

在"项目"面板中双击新添加的开放式字幕，弹出"字幕"面板，在字幕文本框中输入文字并设置文字属性，如图 6-116 所示。单击"关闭"按钮，关闭字幕面板。"时间轴"面板中的字幕如图 6-117 所示。

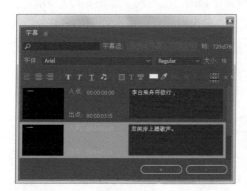

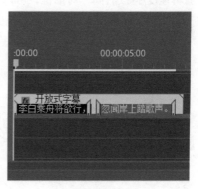

图 6-116　　　　　　　　　　　　　　图 6-117

在"时间轴"面板中，用鼠标右键单击要删除的字幕，在弹出的菜单中选择"删除"命令，如图 6-118 所示，删除字幕的同时保持其他字幕位置不变，如图 6-119 所示。

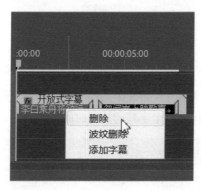

图 6-118　　　　　　　　　　　　　　图 6-119

按 Ctrl+Z 组合键，后退一步。在"时间轴"面板中，用鼠标右键单击要删除的字幕，在弹出的菜单中选择"波纹删除"命令，如图 6-120 所示，删除字幕并将后面的字幕前移，如图 6-121 所示。

图 6-120

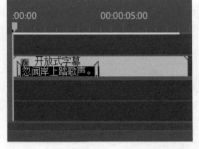

图 6-121

6.6.4 设置字幕持续时间

在 Premiere Pro CC 2018 中，创建的开放式字幕持续时间默认为 3s，要更改字幕的持续时间，可以通过以下两种方法。

（1）在"时间轴"面板中选择要修改的字幕，选择"剪辑 > 持续时间"命令，或按 Ctrl+R 组合键，弹出"剪辑速度/持续时间"对话框，可以设置字幕的持续时间，如图 6-122 所示。

（2）在"时间轴"面板中，向左或向右拖曳字幕的出点，可以减少或增加字幕的持续时间，如图 6-123 所示。

图 6-122

图 6-123

6.6.5 导出开放式字幕

创建一个开放式字幕，在"字幕"面板中添加文字并设置文字属性。将"项目"面板中的字幕文件拖曳到"时间轴"面板中的"视频"轨道上，并设置每个字幕的持续时间，如图 6-124 所示。

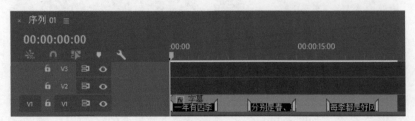

图 6-124

在"项目"面板中选中要导出的字幕。选择"文件 > 导出 > 字幕"命令，弹出"'字幕'的 Sidecar 字幕设置"对话框，将"文件格式"设置为"SubRip 字幕格式（srt）"选项，如图 6-125 所示，单击"确定"按钮，弹出"另存为"对话框，设置如图 6-126 所示，单击"保存"按钮，即可将字幕导出。

图 6-125　　　　　　　　　　　　　　　　　　　图 6-126

6.6.6　为视频文件添加字幕

用播放器软件打开本书学习资源中的"基础素材\Ch06\07"文件，如图 6-127 所示。将导出的"开放式字幕"文件拖曳到播放窗口中，为素材文件添加字幕，如图 6-128 所示。

图 6-127　　　　　　　　　　　　　　　　　　　图 6-128

课堂练习——开学季

【练习知识要点】使用"文字"工具输入文字，使用"基本图形"面板设置文字的属性及描边，使用不同的过渡效果制作图像过渡，开学季效果如图 6-129 所示。

【效果所在位置】Ch06\开学季\开学季.prproj。

图 6-129

课后习题——音乐海报

【习题知识要点】使用"导入"命令导入素材文件，使用"时间轴"面板控制图像的入场时间，使用"文字"工具输入文字，使用"基本图形"面板设置文字的属性，使用不同的过渡特效制作图像过渡效果，音乐海报效果如图 6-130 所示。

【效果所在位置】Ch06\音乐海报\音乐海报. prproj。

图 6-130

第**7**章 加入音频效果

本章介绍

本章对音频及音频特效的应用与编辑进行讲解，重点讲解音轨混合器、制作录音效果及添加音频特效等操作。
通过对本章内容的学习，读者可以掌握 Premiere Pro CC 2018 的声音特效制作。

学习目标

- 了解音频效果。
- 了解使用音轨混合器调节音频的方法。
- 熟练掌握调节音频的方法。
- 掌握使用时间轴面板合成音频的方法。
- 了解分离和链接视音频的方法。
- 掌握添加音频特效的方法。

技能目标

- 熟练掌握"使用淡化器调节音频"的制作方法。
- 熟练掌握"声音的变调与变速"的制作方法。
- 熟练掌握"超重低音效果"的制作方法。

7.1 关于音频效果

Premiere Pro CC 2018 音频改进后功能十分强大，不仅可以编辑音频素材、添加音效、单声道混音，制作立体声和 5.1 环绕声，还可以使用时间轴面板进行音频的合成工作。

在 Premiere Pro CC 2018 中，可以很方便地处理音频，同时软件中还提供了一些处理方法，如声音的摇摆和声音的渐变等。

在 Premiere Pro CC 2018 中对音频素材进行处理，主要有以下 3 种方式。

（1）在"时间轴"面板的音频轨道上，通过修改关键帧的方式对音频素材进行操作，如图 7-1 所示。

（2）使用菜单命令中相应的命令来编辑所选的音频素材，如图 7-2 所示。

图 7-1

图 7-2

（3）在"效果"面板中为音频素材添加"音频效果"来改变音频素材的效果，如图 7-3 所示。

选择"编辑 > 首选项 > 音频"命令，弹出"首选项"对话框，可以对音频素材属性的使用进行初始设置，如图 7-4 所示。

图 7-3

图 7-4

7.2 使用音轨混合器调节音频

Premiere Pro CC 2018 大大加强了其处理音频的能力，功能更加专业化。"音轨混合器"面板可以更加有效地调节节目的音频，如图 7-5 所示。

"音轨混合器"面板可以实时混合"时间轴"面板中各轨道的音频对象。用户可以在"音轨混合器"面板中选择相应的音频控制器进行调节。该控制器调节其在"时间轴"面板中对应的音频对象。

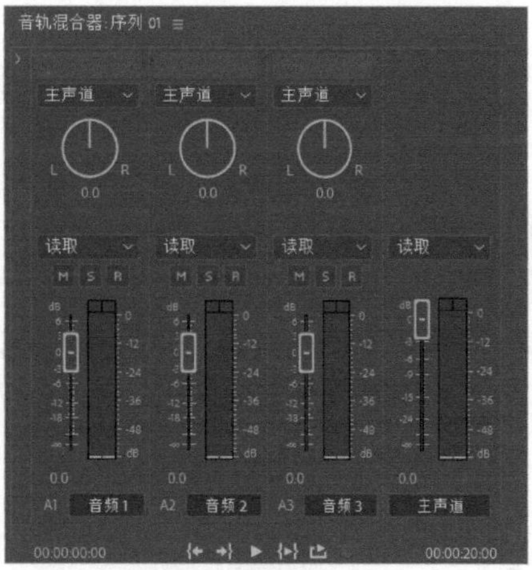

7.2.1　认识"音轨混合器"面板

"音轨混合器"由若干个轨道音频控制器、主音频控制器和播放控制器组成，每个控制器使用控制按钮和调节滑块调节音频。

图 7-5

1. 轨道音频控制器

"音轨混合器"中的轨道音频控制器用于调节其相对轨道上的音频对象，控制器 1 对应"音频 1"，控制器 2 对应"音频 2"，以此类推。轨道音频控制器的数目由"时间轴"面板中的音频轨道数目决定，当在"时间轴"面板中添加音频时，"音轨混合器"面板将自动添加一个轨道音频控制器与其对应。

轨道音频控制器由控制按钮、调节滑轮及调节滑块组成。

（1）控制按钮。轨道音频控制器中的控制按钮可以设置音频调节时的调节状态，如图 7-6 所示。

单击"静音轨道"按钮 M ，该轨道音频设置为静音状态。

单击"独奏轨道"按钮 S ，其他未选中独奏按钮的轨道音频会自动设置为静音状态。

图 7-6　　　　图 7-7

激活"启用轨道以进行录制"按钮 R ，可以利用输入设备将声音录制到目标轨道上。

（2）声音调节滑轮。如果对象为双声道音频，可以使用声道调节滑轮调节播放声道。向左拖曳滑轮，输出到左声道（L），可以增加音量；向右拖曳滑轮，输出到右声道（R），并使音量增大，声道调节滑轮如图 7-7 所示。

（3）音量调节滑块。通过音量调节滑块可以控制当前轨道音频对象的音量，Premiere Pro CC 2018 以分贝数显示音量。向上拖曳滑块，可以增加音量；向下拖曳滑块，可以减小音量。下方数值栏中显示当前音量，用户也可直接在数值栏中输入声音分贝数。播放音频时，面板左侧为音量表，显示音频播放时的音量大小；音量表顶部的小方块显示系统所能处理的音量极限，当方块显示为红色时，表示该音频量超过极限，音量过大。音量调节滑块如图 7-8 所示。

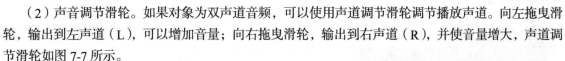

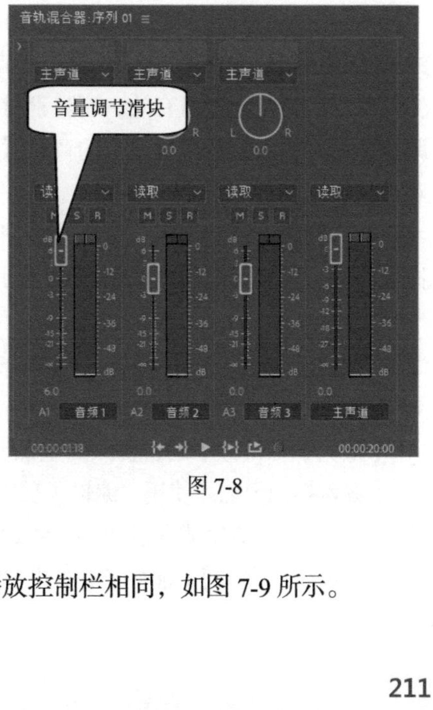

使用主音频控制器可以调节"时间轴"面板中所有轨道上的音频对象。主音频控制器的使用方法与轨道音频控制器相同。

图 7-8

2. 播放控制器

播放控制器用于音频播放，使用方法与监视器面板中的播放控制栏相同，如图 7-9 所示。

图 7-9

7.2.2　设置音轨混合器面板

单击"音轨混合器"面板左上方的 ▤ 按钮，在弹出的菜单中对面板进行相关设置，如图 7-10 所示。

（1）显示/隐藏轨道：该命令可以对"音轨混合器"面板中的轨道进行隐藏或显示设置。选择该命令，在弹出的如图 7-11 所示的对话框中会显示左侧的 ✔ 图标的轨道。

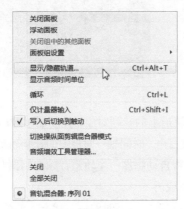

图 7-10

图 7-11

（2）显示音频时间单位：该命令可以在时间标尺上以音频单位进行显示。

（3）循环：该命令在被选定的情况下，系统会循环播放音乐。

7.3　调节音频

"时间轴"面板的每个音频轨道上都有音频淡化控制，用户可通过音频淡化器调节音频素材的电平。音频淡化器初始状态为中低音量，相当于录音机表中的 0 dB。

在 Premiere Pro CC 2018 中，用户可以通过淡化器调节工具或者音轨混合器调制音频电平。在 Premiere Pro CC 2018 中，对音频的调节分为"素材"调节和"轨道"调节。对素材调节时，音频的改变仅对当前的音频素材有效，删除素材后，调节效果就会消失了。轨道调节仅针对当前音频轨道进行调节，所有在当前音频轨道上的音频素材都会在调节范围内受到影响。使用实时记录的时候，只能针对音频轨道进行调节。

在音频轨道控制面板左侧单击按钮 ▨，在弹出的列表中选择音频轨道的显示内容，如图 7-12 所示。

图 7-12

7.3.1　课堂案例——使用淡化器调节音频

【案例学习目标】编辑音频的重低音。

【案例知识要点】使用"编辑子剪辑"命令裁剪声音文件，使用"显示轨道关键帧"选项制作音频的淡出与淡入，使用淡化器调节音频效果如图 7-13 所示。

【效果所在位置】Ch07\使用淡化器调节音频\使用淡化器调节音频. prproj。

图 7-13

（1）启动 Premiere Pro CC 2018 软件，弹出"开始"界面，单击"新建项目"按钮 **新建项目...**，弹出"新建项目"对话框，设置"位置"选项，选择保存文件的路径，在"名称"文本框中输入文件名"音频的剪辑"，如图 7-14 所示，单击"确定"按钮，完成项目的创建。按 Ctrl+N 组合键，弹出"新建序列"对话框，在左侧的列表中展开"DV-PAL"选项，选中"标准 48kHz"模式，如图 7-15 所示，单击"确定"按钮，完成序列的创建。

图 7-14

图 7-15

（2）选择"文件 > 导入"命令，弹出"导入"对话框，选择本书学习资源中的"Ch07\使用淡化器调节音频\素材\01 和 02"文件，单击"打开"按钮，导入文件，如图 7-16 所示。导入后的文件将排列在"项目"面板中，如图 7-17 所示。

图 7-16　　　　　　　　　　　　　　　　　图 7-17

（3）在"项目"面板中选中"01"文件，并将其拖曳到"时间轴"面板中的"视频 1"轨道上，如图 7-18 所示。将时间标签放置在 00:00:09:00 的位置，将鼠标光标放在"01"文件的尾部，当鼠标光标呈◀状时，向左拖曳鼠标到 00:00:09:00 的位置上，如图 7-19 所示。

图 7-18　　　　　　　　　　　　　　　　　图 7-19

（4）在"项目"面板中选中"02"文件，单击"播放-停止切换"按钮▶，可以翻放试听音频，如图 7-20 所示。在"项目"面板中用鼠标右键单击"02"文件，在弹出的菜单中选择"编辑子剪辑"选项，如图 7-21 所示。

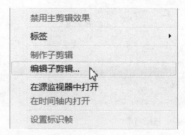

图 7-20　　　　　　　　　　　　　　　　　图 7-21

（5）弹出"编辑子剪辑"对话框，将"开始"选项设置为 00:00:02:00000，"结束"选项设置为 00:00:11:00000，如图 7-22 所示，单击"确定"按钮，裁剪声音文件。在"项目"面板中选中"02"文件并将其拖曳到"时间轴"面板中的"音频 1"轨道上，如图 7-23 所示。

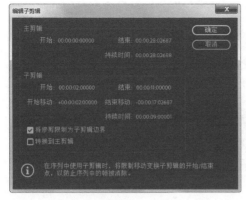

图 7-22　　　　　　　　　　　　　　　　　　　　图 7-23

（6）单击"音频 1"轨道中的"显示关键帧"按钮，在弹出的菜单中选择"轨道关键帧 > 音量"选项，如图 7-24 所示。将时间标签放置在 00:00:01:10 的位置，单击"添加-移除关键帧"按钮 ，如图 7-25 所示，添加一个关键帧。

图 7-24　　　　　　　　　　　　　　　　　　　　图 7-25

（7）将时间标签放置在 00:00:02:05 的位置，单击"音频 1"轨道中的"添加-移除关键帧"按钮 ，添加第 2 个关键帧，如图 7-26 所示。将第 2 个关键帧向上拖曳到适当的位置，如图 7-27 所示。

图 7-26　　　　　　　　　　　　　　　　　　　　图 7-27

（8）将时间标签放置在 00:00:06:20 的位置，单击"音频 1"轨道中的"添加-移除关键帧"按钮 ，添加第 3 个关键帧，如图 7-28 所示。将第 3 个关键帧向下拖曳到适当的位置，如图 7-29 所示。

图 7-28   图 7-29

（9）将时间标签放置在 00:00:08:00 的位置，单击"音频 1"轨道中的"添加-移除关键帧"按钮 ◇，添加第 4 个关键帧，如图 7-30 所示。将第 4 个关键帧向下拖曳到适当的位置，如图 7-31 所示。音频的剪辑制作完成。

图 7-30   图 7-31

7.3.2   使用淡化器调节音频

选择"显示素材卷" / "显示轨道卷"，可以分别调节素材/轨道的音量。

（1）默认情况下，音频轨道面板折叠-展开。双击右侧的空白区域，展开轨道。

（2）选择"钢笔"工具 ✐ 或"选择"工具 ▶，使用该工具拖曳音频素材（或轨道）上的白线即可调整音量，如图 7-32 所示。

（3）按住 Ctrl 键的同时将鼠标光标移动到音频淡化器上，光标将变为带加号的三角箭头，如图 7-33 所示。

图 7-32   图 7-33

（4）单击添加一个关键帧，用户可以根据需要添加多个关键帧。单击并按住鼠标上下拖曳关键帧，关键帧之间的直线指示音频素材是淡入或者淡出，一条递增的直线表示音频淡入，另一条递减的直线表示音频淡出，如图 7-34 所示。

（5）用鼠标右键单击素材，在弹出的菜单中选择"音频增益"命令，在弹出的对话框中单击"标准化所有峰值为"选项，可以使音频素材自动匹配到较佳音量，如图 7-35 所示。

图 7-34

图 7-35

7.3.3　实时调节音频

使用 Premiere Pro CC 2018 的"音轨混合器"面板调节音量非常方便，用户可以在播放音频时实时进行音量调节。使用音轨混合器调节音频电平的方法如下。

（1）在"时间轴"面板中，单击"音频 1"轨道中的"显示关键帧"按钮，在弹出的菜单中选择"轨道关键帧 > 音量"选项。

（2）在"音轨混合器"面板上方需要进行调节的轨道上单击"读取"下拉列表框，在下拉列表中进行设置，如图 7-36 所示。

关：选择该命令，系统会忽略当前音频轨道上的调节，仅按照默认设置播放。

读取：选择该命令，系统会读取当前音频轨道上的调节效果，但是不能记录音频调节过程。

闭锁：当使用自动书写功能实时播放记录调节数据时，每调节一次，下一次调节时调节滑块在上一次调节点之后的位置，当单击停止按钮播放音频后，当前调节滑块会自动转为音频对象在进行当前编辑前的参数值。

触动：当使用自动书写功能实时播放记录调节数据时，每调节一次，下一次调节时调节滑块初始位置会自动转为音频对象在进行当前编辑前的参数值。

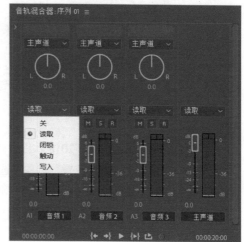

图 7-36

写入：当使用自动书写功能实时播放记录调节数据时，每调节一次，下一次调节时调节滑块在上一次调节后的位置。

（3）单击"播放-停止切换"按钮 ，"时间轴"面板中的音频素材开始播放。

7.4 使用时间轴面板合成音频

将所需要的音频导入"项目"面板后，就可以对音频素材进行编辑。本节讲解对音频素材的编辑处理和各种操作方法。

7.4.1 课堂案例——声音的变调与变速

【案例学习目标】改变音频的时间长度和声音播放速度。

【案例知识要点】使用"速度/持续时间"命令编辑声音播放快慢效果，使用"平衡"命令调整音频的左右声道，使用"延迟"特效调整音频的延迟效果，声音的变调与变速效果如图 7-37 所示。

【效果所在位置】Ch07\声音的变调与变速\声音的变调与变速. prproj。

图 7-37

（1）启动 Premiere Pro CC 2018 软件，弹出"开始"界面，单击"新建项目"按钮 新建项目... ，弹出"新建项目"对话框，设置"位置"选项，选择保存文件的路径，在"名称"文本框中输入文件名"声音的变调与变速"，如图 7-38 所示，单击"确定"按钮，完成项目的创建。按 Ctrl+N 组合键，弹出"新建序列"对话框，在左侧的列表中展开"DV-PAL"选项，选中"标准 48kHz"模式，如图 7-39 所示，单击"确定"按钮，完成序列的创建。

（2）选择"文件 > 导入"命令，弹出"导入"对话框，选择本书学习资源中的"Ch07\声音的变调与变速\素材\01 和 02"文件，单击"打开"按钮，导入文件，如图 7-40 所示。导入后的文件排列在"项目"面板中，如图 7-41 所示。

图 7-38　　　　　　　　　　　　　　　图 7-39

图 7-40　　　　　　　　　　　　图 7-41

（3）在"项目"面板中选中"01"文件，并将其拖曳到"时间轴"面板中的"视频 1"轨道上，如图 7-42 所示。在"项目"面板中选中"02"文件，并将其拖曳到"时间轴"面板中的"音频 1"轨道上，如图 7-43 所示。

图 7-42　　　　　　　　　　　　　　　图 7-43

（4）选中"音频 1"轨道中的"02"文件，按 Ctrl+R 组合键，弹出"剪辑速度/持续时间"对话框，将"速度"选项设为 66.93%，如图 7-44 所示，单击"确定"按钮，"时间轴"面板中的显示如图 7-45 所示。

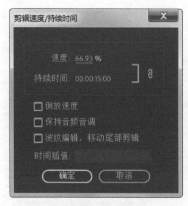

图 7-44   图 7-45

（5）选择"窗口 > 效果"命令，弹出"效果"面板，展开"音频效果"选项，左侧的三角形按钮 > 将其展开，选中"延迟"特效，如图 7-46 所示。将"延迟"特效拖曳到"时间轴"面板中"音频1"轨道的"02"文件上，如图 7-47 所示。

图 7-46   图 7-47

（6）选择"窗口 > 效果控件"命令，弹出"效果控件"面板，展开"延迟"特效，将"反馈"选项设为 16%，如图 7-48 所示。在"效果"面板中，展开"音频效果"选项，左侧的三角形按钮 > 将其展开，选中"平衡"效果，如图 7-49 所示。

图 7-48   图 7-49

（7）将"平衡"特效拖曳到"时间轴"面板中"音频 1"轨道的"02"文件上，如图 7-50 所示。在"效果控件"面板中，展开"平衡"特效，将"平衡"选项设为 50，如图 7-51 所示。声音的变调与变速制作完成。

图 7-50　　　　　　　　　　　　图 7-51

7.4.2　调整音频持续时间和速度

与视频素材的编辑一样，应用音频素材时，可以对其播放速度和时间长度进行修改设置，具体操作步骤如下。

（1）选中要调整的音频素材，选择"剪辑 > 速度/持续时间"命令，弹出"素材速度/持续时间"对话框，在"持续时间"数值对话框中可以对音频素材的持续时间进行调整，如图 7-52 所示。

（2）在"时间轴"面板中直接拖曳音频的边缘，可改变音频轨道上音频素材的长度。也可利用"剃刀"工具 ，将音频素材的多余部分切除掉，如图 7-53 所示。

图 7-52　　　　　　　　　　　　图 7-53

7.4.3　音频增益

音频增益指的是音频信号的声调高低。当一个视频片段同时拥有几个音频素材时，就需要平衡这几个素材的增益，如果一个素材的音频信号太高或太低，就会严重影响播放时的音频效果。可通过以下步骤设置音频素材增益。

（1）选择"时间轴"面板中需要调整的素材，被选择的素材周围会出现黑色实线，如图 7-54 所示。

（2）选择"剪辑 > 音频选项 > 音频增益"命令，弹出"音频增益"对话框，将鼠标光标移动到对话框的数值上，当光标变为手形标记时，单击并按住鼠标左键左右拖曳，增益值将被改变，如图 7-55所示。

图 7-54

图 7-55

（3）完成设置后，可以通过"源"面板查看处理后的音频波形变化，播放修改后的音频素材，试听音频效果。

7.5 分离和链接视音频

在编辑工作中，经常需要将"时间轴"面板中视音频链接素材的视频和音频部分分离。用户可以完全打断或者暂时释放链接素材的链接关系并重新设置各部分。

在 Premiere Pro CC 2018 中，音频素材和视频素材有两种链接关系：硬链接和软链接。如果链接的视频和音频来自一个影片文件，它们是硬链接。"项目"面板中只显示一个素材，硬链接是在素材输入 Premiere Pro CC 2018 之前就建立的，在"时间轴"面板中显示为相同的颜色，如图 7-56 所示。

软链接是在"时间轴"面板中建立的链接。用户可以在"时间轴"面板中为音频素材和视频素材建立软链接。软链接类似于硬链接，但链接的素材在"项目"面板中保持各自的完整性，在序列中显示为不同的颜色，如图 7-57 所示。

图 7-56

图 7-57

如果要打断链接在一起的视音频，可在轨道上选择对象，单击鼠标右键，在弹出的菜单中选择"取消链接"命令即可，如图 7-58 所示。被打断的视音频素材可以单独进行操作。

如果要把分离的视音频素材链接在一起作为一个整体进行操作，则只需要框选需要链接的视音频，单击鼠标右键，在弹出的菜单中选择"链接"命令即可，如图 7-59 所示。

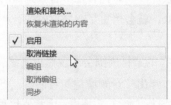

图 7-58

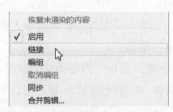

图 7-59

7.6　添加音频效果

Premiere Pro CC 2018 提供了 20 种以上的音频效果，可以通过效果产生回声、和声以及去除噪声的效果，还可以使用扩展的插件得到更多的控制。

7.6.1　课堂案例——超重低音效果

【案例学习目标】编辑音频的重低音。

【案例知识要点】使用"阴影/高光"特效调整图像的阴影和高光数量，使用"显示轨道关键帧"选项制作音频的淡出与淡入，使用"低通"命令制作音频低音效果，超重低音效果如图 7-60 所示。

【效果所在位置】Ch07\超重低音效果\超重低音效果. prproj。

图 7-60

1. 调整视频文件亮度

（1）启动 Premiere Pro CC 2018 软件，弹出"开始"界面，单击"新建项目"按钮 新建项目... ，弹出"新建项目"对话框，设置"位置"选项，选择保存文件的路径，在"名称"文本框中输入文件名"超重低音效果"，如图 7-61 所示，单击"确定"按钮，完成项目的创建。按 Ctrl+N 组合键，弹出"新建序列"对话框，在左侧的列表中展开"DV-PAL"选项，选中"标准 48kHz"模式，如图 7-62 所示，单击"确定"按钮，完成序列的创建。

（2）选择"文件 > 导入"命令，弹出"导入"对话框，选择本书学习资源中的"Ch07\超重低音效果\素材\01 和 02"文件，如图 7-63 所示，单击"打开"按钮，导入文件。导入后的文件排列在"项目"面板中，如图 7-64 所示。

图 7-61　　　　　　　　　　　　　　　　　图 7-62

图 7-63　　　　　　　　　　　　　图 7-64

（3）在"项目"面板中选中"01"文件，并将其拖曳到"时间轴"面板中的"视频 1"轨道中，如图 7-65 所示。在"节目"面板中预览效果，如图 7-66 所示。

图 7-65　　　　　　　　　　　　　图 7-66

（4）选择"窗口 > 效果"命令，弹出"效果"面板，展开"视频效果"选项，单击"过时"文件夹左侧的三角形按钮 〉将其展开，选中"阴影/高光"特效，并将其拖曳到"时间轴"面板中"视频 1"轨道的"01"文件上。

（5）选择"窗口 > 效果控件"命令，弹出"效果控件"面板，展开"阴影/高光"特效，将"与原始图像混合"选项设置为 30%，其他选项的设置如图 7-67 所示。在"节目"面板中预览效果，如图 7-68 所示。

图 7-67   图 7-68

2. 制作音频超低音

（1）在"项目"面板中，用鼠标右键单击"02"文件，在弹出的菜单中选择"覆盖"命令，将"02"文件插入"时间轴"面板中的"音频 1"轨道，如图 7-69 所示。

（2）将时间标签放置在 00:00:00:00 的位置，选中"音频 1"轨道中的"02"文件，按 Ctrl+C 组合键，复制"02"文件，单击"音频 1"轨道左侧的"轨道锁定开关"按钮，锁定该轨道。按 Ctrl+V 组合键，将复制的"02"文件粘贴到"音频 2"轨道中，如图 7-70 所示。取消"音频 1"轨道锁定。

图 7-69   图 7-70

（3）将时间标签放置在 00:00:00:00 的位置，在"时间轴"面板中选中"音频 1"轨道中的"02"文件。在"效果控件"面板中，展开"音量"选项，将"级别"选项设为 -999.0，如图 7-71 所示，记录第 1 个动画关键帧。

（4）将时间标签放置在 00:00:02:07 的位置，在"效果控件"面板中，将"级别"选项设为 0.5dB，如图 7-72 所示，记录第 2 个动画关键帧。

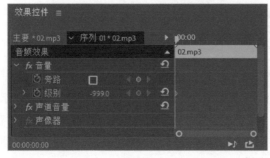

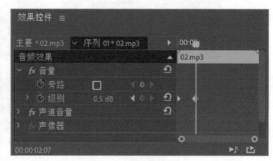

图 7-71   图 7-72

（5）将时间标签放置在 00:00:07:00 的位置，在"效果控件"面板中，将"级别"选项设为 0.0dB，如图 7-73 所示，记录第 3 个动画关键帧。将时间标签放置在 00:00:10:00 的位置，在"效果控件"面板中，将"级别"选项设为 - 999.0，如图 7-74 所示，记录第 4 个动画关键帧。

图 7-73　　　　　　　　　　　　　　　　　　图 7-74

（6）在"时间轴"面板中，用鼠标右键单击"音频 1"轨道中的"02"文件，在弹出的菜单中选择"音频增益"命令，弹出"音频增益"对话框，将"将增益设置为"选项设为 15dB，如图 7-75 所示，单击"确定"按钮，"时间轴"面板的显示效果如图 7-76 所示。

图 7-75　　　　　　　　　　　　　　　　　　图 7-76

（7）在"效果"面板中展开"音频效果"选项，左侧的三角形按钮 将其展开，选中"低通"特效，如图 7-77 所示。将"低通"特效拖曳到"时间轴"面板中"音频 1"轨道的"02"文件上，如图 7-78 所示。

图 7-77　　　　　　　　　　　　　　　　　　图 7-78

（8）在"效果控件"面板中展开"低通"选项，将"屏蔽度"选项设为 200.0Hz，如图 7-79 所示。选择"窗口 > 音轨混合器"命令，打开"音轨混合器"面板。播放试听最终音频效果时，会看到"音频 2"轨道的电平显示。这个声道是低音频，可以看到低音的电平很强，而实际听到音频中的低音效果也非常丰满，如图 7-80 所示。超重低音效果制作完成。

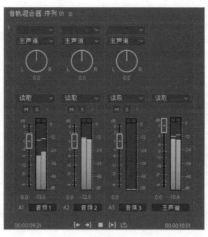

图 7-79   图 7-80

7.6.2 为素材添加效果

音频素材的效果添加方法与视频素材的效果添加方法相同，这里不再赘述。在"效果"面板中展开"音频效果"设置栏，分别在不同的音频模式文件夹中选择音频效果进行设置即可，如图 7-81 所示。

在"音频过渡"设置栏下，Premiere Pro CC 2018 还为音频素材提供了简单的切换方式，如图 7-82 所示。为音频素材添加切换的方法与视频素材相同。

图 7-81   图 7-82

7.6.3 设置轨道效果

除了可以对轨道上的音频素材进行设置外，还可以直接对音频轨道添加效果。在"音轨混合器"面板中，单击左上方的"显示/隐藏效果和发送"按钮 ，展开目标轨道的效果设置栏，单击右侧设置栏上的小三角，弹出音频效果下拉列表，如图 7-83 所示，选择需要使用的音频效果即可。可以在同一个音频轨道上添加多个效果并分别控制，如图 7-84 所示。

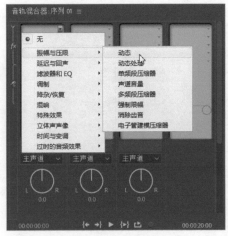
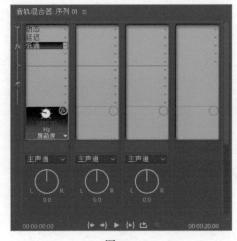

图 7-83 　　　　　　　　　　　　　　　　　图 7-84

如果要调节轨道的音频效果，可以单击鼠标右键，在弹出的下拉列表中选择设置，如图 7-85 所示。在下拉列表中选择"编辑"命令，可以在弹出的效果设置对话框中进行更加详细的设置，图 7-86 所示为"动态"的详细调整面板。

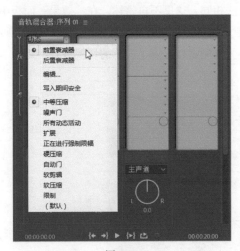

图 7-85 　　　　　　　　　　　　　　　　　图 7-86

7.6.4　音频效果简介

音频效果文件中包含如下音频效果：多频段压缩器（过时）、Chorus（过时）、DeClicker（过时）、DeCarackler（过时）、DeEsser（过时）、DeHummer（过时）、DeNoiser（过时）、Dynamics（过时）、EQ（过时）、Flanger（过时）、Phaser（过时）、Reverb（过时）、变调（过时）、频谱降噪（过时）、吉他套件、多功能延迟、多频段压缩器、模拟延迟、用右侧填充左侧、用左侧填充右侧、电子管建摸压缩器、强制限幅、Binauralizer-Ambisonics、FFT 滤波器、扭曲、低通、低音、Panner-Ambisonics、平衡、单频段压缩器、镶边、陷波滤波器、卷积混响、静音、简单的陷波滤波器、简单的参数均衡、互换声道、人声增强、动态、动态处理、参数均衡器、反转、和声/镶边、图形均衡器（10 段）、图形均衡器（20 段）、图形均衡器（30 段）、声道音量、室内混响、延迟、母带处理、消除齿音、消除嗡嗡

声、环绕声混响、科学滤波器、移相器、立体声扩展器、
自适应降噪、自动咔嗒声移除、雷达响度计、音量、音高
换挡器、高通和高音。

下面对常用的几种音频效果进行简单介绍。

1. 多功能延迟

该效果可以对素材中的原始音频添加最多 4 次回声，其
设置面板如图 7-87 所示。

延迟 1~4：设置原始声音的延长时间，最大值为 2 秒。

反馈 1~4：设置有多少延时声音被反馈到原始声音中。

级别 1~4：控制每一个回声的音量。

混合：控制延迟和非延迟回声的量。

2. 多频段压缩器/多频段压缩器（过时）

该效果是一种三频段压缩器，其中有对应每个频段的控
件。当需要更柔和的声音压缩器时，可使用此效果代替"动
力学"中的压缩器，其设置面板如图 7-88 所示。

图 7-87

自定义设置：单击右侧的"编辑"按钮，弹出"剪辑效果编辑器"对话框，如图 7-89 所示，自定
义压缩器。

图 7-88

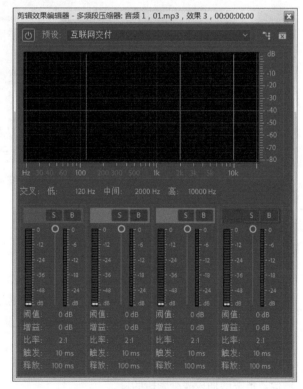

图 7-89

输出增益：指定输出增益调整，以便补偿由压缩引起的增益增减。这有助于保留各增益设置的
组合。

阈值 1~4：指定输入信号必须超过才会调用压缩的电平（-60~0 dB）。

比率 1~4：指定压缩比例，最高为 8:1。

起奏 1~4：指定压限器响应超过阈值的信号所需的时间（0.1~10 ms）。

释放 1~4：指定当信号降到低于阈值时增益恢复到原始电平所需的时间。

3. 带通

该效果移除在指定范围外发生的频率或频段。此效果适用于 5.1、立体声或单声道剪辑，其设置面板如图 7-90 所示。

中心：指定位于指定范围中心的频率。

Q：指定要保留的频段的宽度。低设置可创建宽频率范围，高设置可创建窄频段。

图 7-90

4. 卷积混响

该效果通过模拟音频播放的声音，为音频剪辑添加气氛，其设置面板如图 7-91 所示。

自定义设置：单击右侧的"编辑"按钮，弹出"剪辑效果编辑器"对话框，如图 7-92 所示。可以使用对话框中的控件或通过更改"各个参数"中的值调整每个属性。

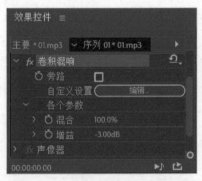

图 7-91

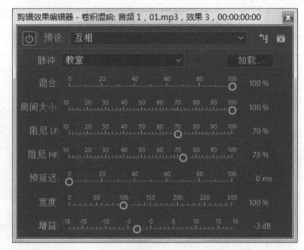

图 7-92

脉冲：选择模拟播放的位置。

混合：控制混响的量。

房间大小：以百分比形式指定空间大小。

阻尼 LF：指定低频的衰减量（以分贝为单位）。低频衰减可防止混响发出隆隆声或声音浑浊。

阻尼 HF：指定高频的衰减量（以分贝为单位）。低设置使混响听起来更柔和。

预延迟：指定信号与混响之间的时间。

宽度：指定混响"尾音"的密度。

增益：指定增加或减少频段的量。

5. 自动咔嗒声移除

该效果可以快速去除黑胶唱片中的噼啪声和静电噪声，其设置面板如图 7-93 所示。

自定义设置：单击右侧的"编辑"按钮，弹出"剪辑效果编辑器"对话框，如图 7-94 所示。可以使用对话框中的控件或通过更改"各个参数"中的值调整每个属性。

图 7-93

图 7-94

预设：可以选择预存好的设置。

阈值：确定噪声灵敏度。设置越低，可检测到的咔嗒声和爆音越多，但可能包括本来希望保留的音频。设置范围为 1~100；默认值为 30。

复杂性：表示噪声复杂度。设置越高，应用的处理越多，但可能降低音质。设置范围为 1~100；默认为 16。

6. 自适应降噪

该效果可以自动探测录音带的噪声并消除它。使用该效果可以消除模拟录制（如磁带录制）的噪声，其设置面板如图 7-95 所示。

自定义设置：单击右侧的"编辑"按钮，弹出"剪辑效果编辑器"对话框，如图 7-96 所示，自定义降噪值。

图 7-95

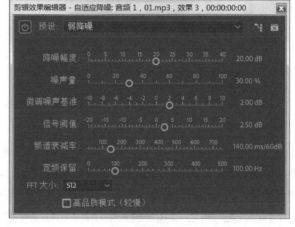

图 7-96

预设：可以选择预存好的设置。

降噪幅度：确定降噪的级别。介于 6~30dB 的值效果很好。要减少发泡背景效果，可输入降低值。

噪声量：表示包含噪声的原始音频的百分比。

微调噪声基准：将噪声基准手动调整到自动计算的噪声基准之上或之下。

信号阈值：将所需音频的阈值手动调整到自动计算的阈值之上或之下。

频谱衰减率：确定噪声处理下降 60dB 的速度。微调该设置，可实现更大程度的降噪而失真更少。过短的值产生发泡效果，过长的值会产生混响效果。

宽频保留：保留介于指定的频段与找到的失真之间的所需音频。例如，设置为 100Hz 可确保不会删除高于 100Hz 或低于找到的失真的任何音频。更低设置可去除更多噪声，但可能引入可听见的处理效果。

FFT 大小：确定分析的单个频段的数量。选择高设置可提高频率分辨率；选择低设置可提高时间分辨率。高设置适用于持续时间长的失真（如吱吱声或电线嗡嗡声），而低设置更适合处理瞬时失真（如咔嗒声或爆音）。

高品质模式（较慢）：勾选此选项，可以较高的质量输出音频。

7. Dynamics（过时）

该效果提供了一套可以组合或独立调节音频的控制器，既可以使用自定义设置视图的图线控制器，也可以在单独的参数视图中调整。图线控制器如图 7-97 所示，其设置面板如图 7-98 所示。

图 7-97

图 7-98

AutoGate：当电平低于指定的极限时切断信号。使用此功能，可以删除录制时不需要的背景信号，如画外音中的背景信号。可以将开关设置成随话筒停止而关闭，这样就删除了所有其他声音。液晶显示的颜色表示开关的状态，打开为绿色，释放为黄色，关闭为红色。它有以下 4 个控制滑轮。

（1）Threshold（极限）：指定输入信号打开开关必须超过的电平（ -60~0dB）。如果信号低于这个电平，开关是关闭的，输入的信号就是静音。

（2）Attack（动手处理）：指定信号电平超过极限到开关打开需要的时间。

（3）Release（释放）：设置信号低于极限后的开关关闭需要的时间，取值范围为 50~500ms。

（4）Hold（保持）：指定信号已经低于极限时开关保持开放的时间，取值范围为 0.1~1 000ms。

Compressor（压缩器）：用于通过提高低声的电平和降低大声的电平平衡动态范围，以产生一个在素材整个时间内调和的电平，它有以下 6 个控制项。

（1）Threshold（极限）：设置必须调用压缩的信号电平极限，取值范围为 - 60~0dB，低于这个极限的电平不受影响。

（2）Ratio（比率）：设置压缩比率，最大到 8∶1。如比率为 5∶1，则输入电平增加 5dB，输出只增加 1 dB。

（3）Attack（动手处理）：设置信号超过界限时压缩反应的时间，取值范围为 0.1~100ms。

（4）Release（释放）：用于设置当导入的音频素材音量低于 "Threshold"（极限）值之后波门保持关闭的时间，其取值范围为 10~500ms。

（5）Auto（自动）：基于输入信号自动计算释放时间。

（6）MakeUp（补充）：调节压缩器的输出电平以解决压缩造成的损失，取值范围为 -6~0dB。

Expander（放大器）：用于降低所有低于指定极限的信号到设置的比率。计算结果与开关控制相像，但更敏感，有以下控制项。

（1）Threshold（极限）：指定信号可以激活放大器的电平极限，超过极限的电平不受影响。

（2）Ratio（比率）：设置信号放大的比率，最大到 5∶1。如比率为 5∶1，而一个电平减小量为 1dB，会放大成 5dB，结果就会导致信号更快速地减小。

Limiter（限制器）：还原包含信号峰值的音频素材中的裁减。例如，在一个音频素材中，界定峰值为超过 0dB，那么这个音频的全部电平就不得不降低在 0dB 以下，以避免裁减。可以使用的控制项如下。

（1）Threshold（极限）：指定信号的最高电平，取值范围为 -12~0dB。所有超过极限的信号将被还原成与极限相同的电平。

（2）Release（释放）：指定素材出现后增益返回正常电平需要的时间，取值范围为 10~500ms。

Soft Clip：与 "Limiter" 相似，但不是用硬性限制，这个控制赋予某些信号一个边缘，可以将它们更好地定义在全面的混合中。

8. 参数均衡器

该效果类似于一个变量均衡器，可以使用多频段来控制频率、宽带以及电平，具体设置如图 7-99 和图 7-100 所示。

图 7-99

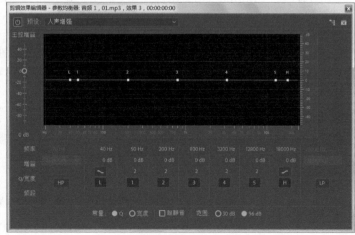

图 7-100

预设：可以选择预存好的设置。

频率：可以设置频段 1~5 的中心频率，以及带通滤波器和限值滤波器的转角频率。

增益：可以设置频段的增强或减弱值，以及低通滤波器的每个八度音阶的斜率。

Q/宽度：可以控制受影响的频段的宽度。Q 值越低，影响的频率范围越大。非常高的 Q 值（接近于 100）影响非常窄的频段，适合用于去除特定频率（如 60Hz 嗡嗡声）的陷波滤波器。

频段：最多可启用 5 个中间频段，以及高通、低通和限值滤波器，能提供非常精确的均衡曲线控制。单击频段按钮可激活上述相应设置。

常量：以 Q 值（宽度与中心频率的比值）或绝对宽度值（Hz）描述频段的宽度。恒定 Q 是较常见的设置。

超静音：几乎可消除噪声和失真，但需要更多处理。只有在高端耳机和监控系统上，才能听见此选项的效果。

范围：将图形范围设置为 30dB 可进行更精确的调整，设置为 96dB 则可进行更极端的调整。

9. 和声/镶边

该效果通过以特定或随机间隔略微对信号进行和声和镶边调整，其设置面板如图 7-101 所示。

自定义设置：单击右侧的"编辑"按钮，弹出"剪辑效果编辑器"对话框，如图 7-102 所示。可以使用对话框中的控件或通过更改"各个参数"中的值调整每个属性。

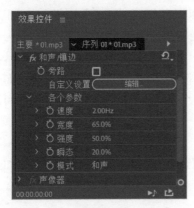

图 7-101

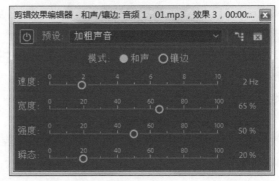

图 7-102

预设：可以选择预存好的设置。

模式：可以选择 Chorus（合唱）或 Flanger（镶边）。合唱可以在模拟的同时播放多个语音或乐器；镶边可以模拟最初在打击乐中听到的延迟相移声音。

速度：可以控制延迟时间从零循环到最大延迟设置的速率。

宽度：可以指定最大延迟量。

强度：可以控制原始音频与处理的音频的比率。

瞬态：可以强调瞬时，提供更锐利、更清晰的声音。

10. 高通/低通

"高通"效果用于删除低于指定频率界限的频率，"低通"效果则用于删除高于指定频率界限的频率。

11. 低音

该效果可以对素材音频中的重音部分进行处理，增强或减弱重音部分，同时不影响其他音频部分，其设置面板如图 7-103 所示。该效果仅处理 200Hz 以下的频率。

图 7-103

12. 室内混响

该效果可以为一个音频素材增加气氛，模仿室内播放音频的声音。可以使用自定义设置视图中的图形控制器来调整各个属性，也可以在个别的参数视图中进行调整。单独参数设置如图 7-104 所示，自定义设置如图 7-105 所示。

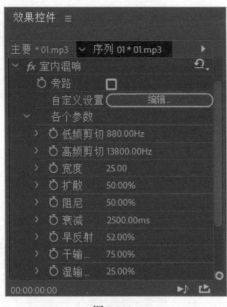

图 7-104   图 7-105

预设：可以选择预存好的设置。

房间大小：可以设置空间大小。

衰减：可以调整混响衰减量（以毫秒为单位）。

早反射：可以控制先到达耳朵的回声的百分比，提供对整体空间大小的感觉。过高的值会导致声音失真，而过低的值会失去表示空间大小的声音信号。一半音量的原始信号是良好的起始点。

宽度：可以控制立体声声道之间的扩展。0%产生单声道混响信号，100%产生最大立体声分离度。

高频剪切：可以指定可以进行混响的最高频率。

低频剪切：可以指定可以进行混响的最低频率。

阻尼：可以调整随时间应用于高频混响信号的衰减量。较高百分比可创造更高阻尼，实现更温暖的混响音调。

扩散：模拟混响信号在地毯和挂帘等表面上反射时的吸收。设置越低，创造的回声越多；设置越高，产生的混响越平滑，回声越少。

干：可以设置源音频在含有效果的输出中的百分比。

湿：可以设置混响在输出中的百分比。

13. 平衡

该效果允许控制左、右声道的相对音量，正值增大右声道的音量，负值增大左声道的音量。

14．用右侧填充左侧/用左侧填充右侧

这两个效果主要是使声音回放在左（右）声道中进行，即使用右（左）声道的声音来代替左（右）声道的声音，而左（右）声道原来的信息将被删除。

15．互换声道

该效果可以交换左右声道信息的布置。

16．反转

该效果用于将所有声道的状态进行反转。

17．声道音量

该效果允许单独控制素材或轨道立体声或 5.1 环绕中每一个声道的音量。每一个声音的电平以 dB 计量，其设置面板如图 7-106 所示。

图 7-106

18．延迟

该效果可以添加音频素材的回声，其设置面板如图 7-107 所示。

延迟：指定回声播放延迟的时间，最大值为 2s。

反馈：指定延迟信号反馈叠加的百分比。

混合：控制回声的数量。

19．消除齿音

该效果用于消除齿音和其他高频 "SSS" 类型的声音，这类声音通常是在解说员或歌手发出字母 "s" 和 "t" 的读音时产生。此效果适用于 5.1、立体声或单声道剪辑。

图 7-107

20．消除嗡嗡声

该效果从音频中消除不需要的 50Hz/60Hz 嗡嗡声。此效果适用于 5.1、立体声或单声道剪辑。

21．移相器

该效果接受输入信号的一部分，使相位移动一个变化的角度，然后将其混合回原始信号。

22．音量

该效果可以提高音频电平而不被修剪，只有当信号超过硬件允许的动态范围时才会出现修剪，这时往往会生成失真的音频。

23．高音

该效果允许增大或减小高频（4 000Hz 和更高）。

课堂练习——音频的剪辑

【练习知识要点】使用"导入"命令导入素材文件，使用"亮度与对比度"特效调整视频的亮度，使用"显轨道关键帧 > 音量"选项制作音频的淡出与淡入，使用"速度/持续时间"命令调整声音的播放速度，音频的剪辑效果如图 7-108 所示。

【效果所在位置】Ch07\音频的剪辑\音频的剪辑. prproj。

图 7-108

课后习题——音频的调节

【习题知识要点】使用"导入"命令导入素材，使用"显轨道关键帧 > 音量"选项调节声音的音量，音频的调节效果如图 7-109 所示。

【效果所在位置】Ch07\音频的调节\音频的调节.prproj。

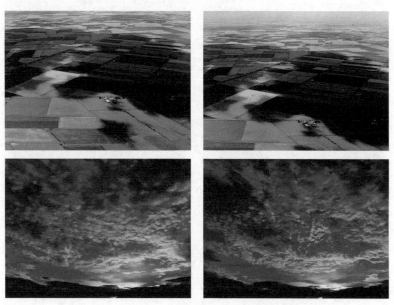

图 7-109

第8章

文件输出

本章介绍

本章主要讲解 Premiere Pro CC 2018 与节目最终输出有关的编码器、输出的节目类型和格式以及相关的参数设置。通过对本章的学习，读者可以掌握渲染输出的方法和技巧。

- -

学习目标

- 掌握 Premiere Pro CC 2018 可输出的文件格式。
- 了解影片项目的预演。
- 掌握输出参数的设置方法。
- 熟练掌握渲染输出各种格式文件的方法。

8.1　Premiere Pro CC 2018 可输出的文件格式

在 Premiere Pro CC 2018 中，可以输出多种文件格式，包括视频格式、音频格式、静态图像和序列图像等，下面进行详细讲解。

8.1.1　视频格式

在 Premiere Pro CC 2018 中可以输出多种视频格式，常用的有以下几种。

（1）AVI：AVI 是 Audio Video Interleaved 的缩写，是 Windows 操作系统中使用的视频文件格式，它的优点是兼容性好，图像质量好，调用方便，缺点是文件尺寸较大。

（2）动画 GIF：GIF 是动画格式的文件，可以显示视频运动画面，但不包含音频部分。

（3）Fic/Fli：支持系统的静态画面或动画。

（4）Filmstrip：电影胶片（也称为幻灯片影片），但不包括音频部分。该类文件可以通过 Photoshop 等软件进行画面效果处理，然后再导入 Premiere Pro CC 2018 进行编辑输出。

（5）QuickTime：用于 Windows 和 Mac OS 系统上的视频文件，适合于网上下载。该文件格式是由 Apple 公司开发的。

（6）DVD：DVD 是使用 DVD 刻录机及 DVD 空白光盘刻录而成的。

（7）DV：DV 全称是 Digital Video，它是新一代数字录像带的规格，具有体积小、时间长的优点。

8.1.2　音频格式

在 Premiere Pro CC 2018 中可以输出多种音频格式，主要有以下几种。

（1）WAV：WAV 全称是 Windows Media Audio，WMA 音频文件是一种压缩的离散文件或流式文件。它采用的压缩技术与 MP3 压缩原理近似，但并不削减大量的编码。WMA 主要的优点是可以在较低的采样率下压缩出近于 CD 音质的音乐。

（2）MPEG：MPEG（动态图像专家组）创建于 1988 年，专门负责为 CD 建立视频和音频等相关标准。

（3）MP3：MP3 是 MPEG Audio Layer 3 的简称，它能够以高音质、低采样率对数字音频文件进行压缩。

此外，Premiere Pro CC 2018 还可以输出 DV AVI、Real Media 和 QuickTime 格式的音频。

8.1.3　图像格式

在 Premiere Pro CC 2018 中可以输出多种图像格式，主要有以下几种。

（1）静态图像格式：GIF、JPG、PNG、TIFF 和 BMP。

（2）序列图像格式：GIF Sequence、Targa Sequence 和 Windows Bitmap Sequence。

8.2　影片项目的预演

影片预演是视频编辑过程中对编辑效果进行检查的重要手段，它实际上也是编辑工作的一部分。影片预演分为两种，一种是实时预演，另一种是生成预演。下面分别进行讲解。

8.2.1　影片实时预演

实时预演，也称为实时预览，即平时所说的预览。进行影片实时预演的具体操作步骤如下。

（1）影片编辑制作完成后，在"时间轴"面板中将时间标签移动到需要预演的片段开始位置，如图 8-1 所示。

（2）在"节目"监视器面板中单击"播放-停止切换"按钮▶，系统开始播放节目，在"节目"监视器面板中预览节目的最终效果，如图 8-2 所示。

图 8-1

图 8-2

8.2.2　生成影片预演

与实时预演不同的是，生成影片预演不是使用显卡对画面进行实时预演，而是计算机的 CPU 对画面进行运算，先生成预演文件，然后再播放。因此，生成影片预演取决于计算机 CPU 的运算能力。生成预演播放的画面是平滑的，不会产生停顿或跳跃，所表现出来的画面效果和渲染输出的效果完全一致。生成影片预演的具体操作步骤如下。

（1）影片编辑制作完成以后，在"源"监视器面板中设置要渲染影片的入点和出点，如图 8-3 所示。

（2）选择"序列 > 渲染入点到出点"命令，系统将开始进行渲染，并弹出"渲染"对话框显示渲染进度，如图 8-4 所示。

（3）在"渲染"对话框中单击"渲染详细信息"选项左侧的▶按钮，展开此选项区域，可以查看渲染的时间和磁盘剩余空间等信息，如图 8-5 所示。

（4）渲染结束后，系统会自动播放该片段，在"时间轴"面板中，预演部分将会显示绿色线条，其他部分则保持为红色线条，如图 8-6 所示。

图 8-3

图 8-4

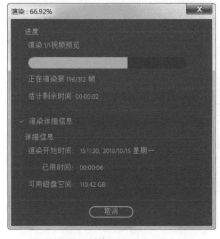

图 8-5

图 8-6

（5）如果用户事先设置了预演文件的保存路径，就可在计算机的硬盘中找到预演生成的临时文件，如图 8-7 所示。双击该文件，则可以脱离 Premiere Pro CC 2018 程序进行播放，如图 8-8 所示。

图 8-7

图 8-8

生成的预演文件可以重复使用，用户下一次预演该片段时会自动使用该预演文件。在关闭该项目文件时，如果不进行保存，预演生成的临时文件会自动删除；如果用户在修改预演区域片段后再次预演，就会重新渲染并生成新的预演临时文件。

8.3 输出参数的设置

在 Premiere Pro CC 2018 中，既可以将影片输出为用于电影或电视播放的录像带，也可以输出为通过网络传输的网络流媒体格式，还可以输出为可以制作 VCD 或 DVD 光盘的 AVI 文件等。但无论输出的是何种类型，在输出文件之前，都必须合理地设置相关的输出参数，使输出的影片达到理想的效果。本节以输出 AVI 格式为例，介绍输出前的参数设置方法，其他格式类型的输出设置与此类型基本相同。

8.3.1 输出选项

影片制作完成后即可输出。在输出影片之前，可以设置一些基本参数，其具体操作步骤如下。

（1）在"时间轴"面板中选择需要输出的视频序列，然后选择"文件 > 导出 > 媒体"命令，或按 Ctrl+M 组合键，在弹出的对话框中进行设置，如图 8-9 所示。

图 8-9

（2）在对话框右侧的选项区域设置文件的格式以及输出区域等选项。

1. 文件类型

用户可以将输出的数字电影设置为不同的格式，以便适应不同的需要。在"格式"选项的下拉列表中，可以输出的媒体格式如图 8-10 所示。

图 8-10

在 Premiere Pro CC 2018 中，默认的输出文件类型或格式主要有以下几种。

（1）如果要输出为基于 Windows 操作系统的数字电影，则选择"AVI"（Windows 格式的视频格式）选项。

（2）如果要输出为基于 Mac OS 操作系统的数字电影，则选择"QuickTime"（MAC 视频格式）选项。

（3）如果要输出 GIF 动画，则选择"动画 GIF"选项，即输出的文件连续存储了视频的每一帧。这种格式支持在网页上以动画形式显示，但不支持声音播放。若选择"GIF"选项，则只能输出为单帧的静态图像序列。

（4）如果只是输出为 WAV 格式的影片声音文件，则选择"波形音频"选项。

2．输出视频

勾选"导出视频"复选框，可输出整个编辑项目的视频部分；若取消选择，则不能输出视频部分。

3．输出音频

勾选"导出音频"复选框，可输出整个编辑项目的音频部分；若取消选择，则不能输出音频部分。

8.3.2　"视频"选项区域

在"视频"选项区域中，可以为输出的视频指定使用的格式、品质及影片尺寸等相关选项参数，如图 8-11 所示。

"视频"选项区域中，各主要选项含义如下。

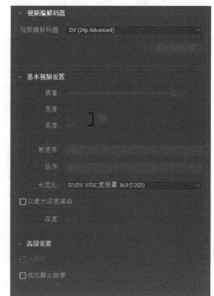

图 8-11

视频编解码器：通常视频文件的数据量很大，为了减少所占的磁盘空间，输出时可以对文件进行压缩。在该选项的下拉列表中选择需要的压缩方式，如图 8-12 所示。

质量：设置影片的压缩品质，通过拖动品质的百分比来设置。

宽度/高度：设置影片的尺寸。我国使用 PAL 制，选择 720×576。

帧速率：设置每秒播放画面的帧数，提高帧速度会使画面播放得更流畅。如果将文件类型设置为 Microsoft DV AVI，那么 DV PAL 对应的帧速是固定的 29.97 和 25；如果将文件类型设置为 Microsoft AVI，那么帧速可以选择 1~60 的数值。

场序：设置影片的场扫描方式，有上场、下场和无场 3 种方式。

长宽比：设置视频制式的画面比。单击该选项右侧的按钮，在弹出的下拉列表中选择需要的选项，如图 8-13 所示。

图 8-12

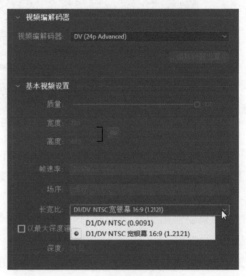

图 8-13

8.3.3 "音频"选项区域

在"音频"选项区域中，可以为输出的音频指定使用的压缩方式、采样速率以及量化指标等相关选项参数，如图 8-14 所示。

"音频"选项区域中，各主要选项含义如下。

音频编解码器：为输出的音频选项选择合适的压缩方式进行压缩。Premiere Pro CC 2018 默认的选项是"未压缩"。

采样率：设置输出节目音频时所使用的采样速率，如图 8-15 所示。采样速率越高，播放质量越好，但所需的磁盘空间越大，占用的处理时间越长。

图 8-14

声道：在该选项的下拉列表中可以为音频选择单声道或立体声。

样本大小：设置输出节目音频时所使用的声音量化倍数，最高要提供 32bit。一般情况下，要获得较好的音频质量，就要使用较高的量化位数，如图 8-16 所示。

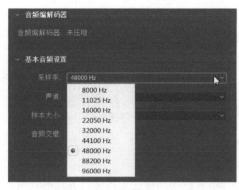

图 8-15 　　　　　　　　　　　　　　　　　　图 8-16

8.4　渲染输出各种格式的文件

Premiere Pro CC 2018 可以渲染输出多种格式的文件，从而使视频剪辑更加方便、灵活。本节重点介绍各种常用格式文件渲染输出的方法。

8.4.1　输出单帧图像

在视频编辑中，可以输出画面的某一帧，以便给视频动画制作定格效果。在 Premiere Pro CC 2018 中，输出单帧图像的具体操作步骤如下。

（1）在 Premiere Pro CC 2018 的"时间轴"面板上添加一段视频文件，选择"文件 > 导出 > 媒体"命令，弹出"导出设置"对话框，在"格式"选项的下拉列表中选择"TIFF"选项，在"输出名称"文本框中输入文件名并设置文件的保存路径，勾选"导出视频"复选框，其他参数保持默认状态，如图 8-17 所示。

图 8-17

（2）单击"导出"按钮，弹出"编码 序列 01"对话框，如图 8-18 所示。输出单帧图像时，最关键的是时间标签的定位，它决定了单帧输出时的图像内容。

图 8-18

8.4.2 输出音频文件

Premiere Pro CC 2018 可以将影片中的一段声音或歌曲制作成音乐光盘等文件。输出音频文件的具体操作步骤如下。

（1）在 Premiere Pro CC 2018 的时间线上添加一个有声音的视频文件或打开一个有声音的项目文件，选择"文件 > 导出 > 媒体"命令，弹出"导出设置"对话框，在"格式"选项的下拉列表中选择"MP3"选项，在"预设"选项的下拉列表中选择"MP3 128kbps"选项，在"输出名称"文本框中输入文件名并设置文件的保存路径，勾选"导出音频"复选框，其他参数保持默认状态，如图 8-19 所示。

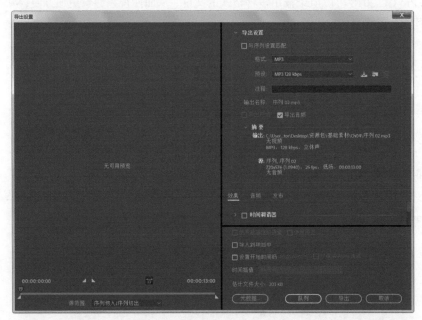

图 8-19

（2）单击"导出"按钮，导出声音文件。

8.4.3 输出整个影片

输出影片是常用的输出方式。将编辑完成的项目文件以视频格式输出，可以输出编辑内容的全部或者某一部分，也可以只输出视频内容或者音频内容，一般将全部的视频和音频一起输出。

下面以 Microsoft AVI 格式为例，介绍输出影片的方法，其具体操作步骤如下。

（1）选择"文件 > 导出 > 媒体"命令，弹出"导出设置"对话框。

（2）在"格式"选项的下拉列表中选择"AVI"选项。

（3）在"预设"选项的下拉列表中选择"PAL DV"选项，如图 8-20 所示。

图 8-20

（4）在"输出名称"文本框中输入文件名并设置文件的保存路径，勾选"导出视频"复选框和"导出音频"复选框。

（5）设置完成后，单击"导出"按钮，即可导出所设置的 AVI 格式影片。

8.4.4　输出静态图片序列

在 Premiere Pro CC 2018 中，可以将视频输出为静态图片序列，也就是说，将视频画面的每一帧都输出为一张静态图片。这一系列图片中，每张都具有一个自动编号。这些输出的序列图片可用于 3D 软件中的动态贴图，并且可以移动和存储。

输出图片序列的具体操作步骤如下。

（1）在 Premiere Pro CC 2018 的"时间轴"面板中添加一段视频文件，在"源"监视器面板中设置一部分视频的入点和出点，如图 8-21 所示。

（2）选择"文件 > 导出 > 媒体"命令，弹出"导出设置"对话框，在"格式"选项的下拉列表中选择"TIFF"选项，在"预设"选项的下拉列表中选择"TIFF 序列（匹配源）"选项，在"输出名称"文本框中输入文件名并设置文件的保存路径，勾选"导出视频"复选框，在"视频"扩展参数面板中必须勾选"导出为序列"复选框，其他参数保持默认状态，如图 8-22 所示。

图 8-21

图 8-22

（3）单击"导出"按钮，导出文件。导出完成后形成的静态序列图片文件，如图 8-23 所示。

图 8-23

第**9**章　商业案例实训

本章介绍

本章通过两个影视制作案例，进一步讲解 Premiere Pro CC 2018 的功能特色和使用技巧，使读者能够快速地掌握软件功能和知识要点，从而制作出变化丰富的多媒体效果。

- -

学习目标

- 掌握软件基本功能的使用方法。
- 了解 Premiere Pro CC 2018 的常用设计领域。
- 掌握 Premiere Pro CC 2018 在不同设计领域的使用技巧。

- -

技能目标

- 熟练掌握"花卉赏析节目"的制作方法。
- 熟练掌握"科技时代片头"的制作方法。

9.1 花卉赏析节目

9.1.1 项目背景及要求

1. 客户名称

艺飞电视台。

2. 客户需求

艺飞电视台是一家播放新闻资讯、影视娱乐、社科动漫、时尚信息、生活服务等节目的综合性电视台。本例是为电视台制作花卉赏析节目，要求符合宣传主题，展现出丰富多样的花卉。

3. 设计要求

（1）设计要以花卉视频为主导。

（2）设计形式要明快醒目，能体现节目特色。

（3）画面设计要清新雅致，形成和谐自然的画面。

（4）设计风格具有特色，能够让人一目了然、印象深刻。

（5）设计规格为 720h×576V(1.0940)，25.00 帧/秒，D1/DV PAL(1.0940)。

9.1.2 项目创意及要点

1. 素材资源

图片素材所在位置：本书学习资源中的 "Ch09\花卉赏析节目\素材\01~08"。

2. 作品参考

设计作品参考效果所在位置：本书学习资源中的 "Ch09\花卉赏析节目\花卉赏析节目.prproj"，效果如图 9-1 所示。

图 9-1

3. 制作要点

使用"效果控件"面板编辑图像的"位置"和"缩放"选项制作动画效果，使用"交叉溶解"特效、"随机块"特效和"交叉缩放"特效制作视频切换效果。

9.1.3　案例制作及步骤

1. 制作开场动画

（1）启动 Premiere Pro CC 2018 软件，弹出"开始"界面，单击"新建项目"按钮 **新建项目...**，弹出"新建项目"对话框，设置"位置"选项，选择保存文件的路径，在"名称"文本框中输入文件名"花卉赏析节目"，如图 9-2 所示，单击"确定"按钮，完成项目的创建。按 Ctrl+N 组合键，弹出"新建序列"对话框，在左侧的列表中展开"DV-PAL"选项，选中"标准 48kHz"模式，如图 9-3 所示，单击"确定"按钮，完成序列的创建。

图 9-2　　　　　　　　　　　　　　　　　　　　图 9-3

（2）选择"文件 > 导入"命令，弹出"导入"对话框，选择本书学习资源中的"Ch09\花卉赏析节目\素材\01~08"文件，如图 9-4 所示，单击"打开"按钮，导入文件。导入后的文件排列在"项目"面板中，如图 9-5 所示。

图 9-4　　　　　　　　　　　　　　　　图 9-5

（3）在"项目"面板中选中"01"文件，并将其拖曳到"时间轴"面板中的"视频 1"轨道上，如图 9-6 所示。将时间标签放置在 00:00:05:00 的位置，将鼠标光标放在"01"文件的结束位置，当光标呈◀状时，向左拖曳鼠标到 00:00:05:00 的位置上，如图 9-7 所示。

图 9-6　　　　　　　　　　　　　　　　　图 9-7

（4）将时间标签放置在 00:00:01:15 的位置，在"项目"面板中选中"02"文件并将其拖曳到"时间轴"面板中的"视频 2"轨道上，如图 9-8 所示。将鼠标光标放在"02"文件的结束位置，当光标呈◀状时，向左拖曳鼠标到"01"文件的结尾处，如图 9-9 所示。

图 9-8　　　　　　　　　　　　　　　　　图 9-9

（5）选择"窗口 > 效果控件"命令，弹出"效果控件"面板，展开"运动"选项，将"位置"选项设为 360.0 和 119.0，"缩放"选项设为 0，分别单击"位置"选项和"缩放"选项左侧的"切换动画"按钮，记录第 1 个动画关键帧，如图 9-10 所示。

（6）将时间标签放置在 00:00:03:10 的位置，在"效果控件"面板中，将"位置"选项设为 360.0 和 231.0，"缩放"选项设为 100.0，记录第 2 个动画关键帧，如图 9-11 所示。

图 9-10　　　　　　　　　　　　　　　　　图 9-11

（7）将时间标签放置在 00:00:04:15 的位置，在"效果控件"面板中，将"位置"选项设为 360.0 和 308.0，"缩放"选项设为 180.0，记录第 3 个动画关键帧，如图 9-12 所示。在"节目"面板中预览效果，如图 9-13 所示。

图 9-12　　　　　　　　　　　　　　　　　　图 9-13

2．制作画面切换

（1）将时间标签放置在 00:00:05:00 的位置，如图 9-14 所示。在"项目"面板中选中"03"文件，并将其拖曳到"时间轴"面板中的"视频 1"轨道上，如图 9-15 所示。

图 9-14　　　　　　　　　　　　　　　　　　图 9-15

（2）选择"窗口 > 效果"命令，弹出"效果"面板，展开"视频过渡"特效分类选项，单击"溶解"文件夹左侧的三角形按钮 将其展开，选中"交叉溶解"特效，如图 9-16 所示。将"交叉溶解"特效拖曳到"时间轴"面板中"视频 1"轨道的"03"文件开始位置，如图 9-17 所示。

图 9-16　　　　　　　　　　　　　　　　　　图 9-17

（3）将时间标签放置在 00:00:09:00 的位置，如图 9-18 所示。在"项目"面板中选中"04"文件，并将其拖曳到"时间轴"面板中的"视频 2"轨道上，如图 9-19 所示。

图 9-18　　　　　　　　　　　　　　　　　　图 9-19

（4）在"效果"面板中，展开"视频过渡"特效分类选项，单击"擦除"文件夹左侧的三角形按钮 〉将其展开，选中"随机块"特效，如图 9-20 所示。将"随机块"特效拖曳到"时间轴"面板中"视频 2"轨道的"04"文件结束位置，如图 9-21 所示。

图 9-20　　　　　　　　　　　图 9-21

（5）将时间标签放置在 00:00:12:00 的位置，如图 9-22 所示。在"项目"面板中选中"05"文件，并将其拖曳到"时间轴"面板中的"视频 1"轨道上，如图 9-23 所示。

图 9-22　　　　　　　　　　　图 9-23

（6）将时间标签放置在 00:00:15:00 的位置，如图 9-24 所示。在"项目"面板中选中"06"文件，并将其拖曳到"时间轴"面板中的"视频 2"轨道上，如图 9-25 所示。

图 9-24　　　　　　　　　　　图 9-25

（7）在"效果"面板中，展开"视频过渡"特效分类选项，单击"缩放"文件夹左侧的三角形按钮 〉将其展开，选中"交叉缩放"特效，如图 9-26 所示。将"交叉缩放"特效拖曳到"时间轴"面板中"视频 2"轨道的"06"文件开始位置，如图 9-27 所示。

图 9-26　　　　　　　　　　　图 9-27

（8）将时间标签放置在 00:00:19:00 的位置。在"项目"面板中选中"07"文件，并将其拖曳到"时间轴"面板中的"视频 1"轨道上，如图 9-28 所示。

（9）将时间标签放置在 00:00:22:00 的位置，将鼠标光标放在"07"文件的结束位置，当鼠标光标呈 ◀ 状时，向左拖曳鼠标到 00:00:22:00 的位置上，如图 9-29 所示。

图 9-28　　　　　　　　　　　　　　　　　　图 9-29

（10）将时间标签放置在 00:00:05:00 的位置，如图 9-30 所示。在"项目"面板中选中"08"文件，并将其拖曳到"时间轴"面板中的"视频 3"轨道上，如图 9-31 所示。

图 9-30　　　　　　　　　　　　　　　　　　图 9-31

（11）将时间标签放置在 00:00:22:00 的位置，如图 9-32 所示。将鼠标光标放在"08"文件的尾部，当鼠标光标呈 ▶ 状时，向右拖曳鼠标到 00:00:22:00 的位置上，如图 9-33 所示。

图 9-32　　　　　　　　　　　　　　　　　　图 9-33

（12）将时间标签放置在 00:00:15:00 的位置，在"时间轴"面板中选中"视频 3"轨道中的"08"文件，在"效果控件"面板中展开"运动"选项，将"缩放"选项设为 110.0，如图 9-34 所示。花卉赏析节目制作完成，效果如图 9-35 所示。

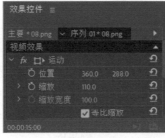
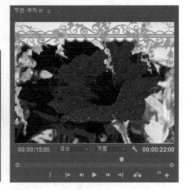

图 9-34　　　　　　　　　　　　图 9-35

课堂练习 1——音乐栏目包装

练习 1.1 项目背景及要求

1. 客户名称

温文电视台。

2. 客户需求

百变歌手第二季是温文电视台策划的大型音乐真人秀节目，它是由第一季原班人马打造的大众歌手选秀赛。此项赛事接受任何喜欢唱歌的个人或组合报名，颠覆传统的一些规则，受到许多观众的喜爱，是现今温文电视台颇受欢迎的娱乐节目之一。现要为本音乐栏目制作包装，要求符合大众口味，能体现出音乐的感觉。

3. 设计要求

（1）设计要以音乐元素为主导。

（2）设计形式要简洁明晰，能体现节目特色。

（3）画面要活泼，给人热情的视觉印象。

（4）设计风格具有特色，能够让人感觉到有较强的视觉冲击力。

（5）设计规格为 720h×576V(1.0940)，25.00 帧/秒，D1/DV PAL(1.0940)。

练习 1.2 项目创意及要点

1. 素材资源

图片素材所在位置：本书学习资源中的"Ch09\音乐栏目包装\素材\01"。

2. 作品参考

设计作品参考效果所在位置：本书学习资源中的"Ch09\音乐栏目包装\音乐栏目包装.prproj"，效果如图 9-36 所示。

图 9-36

3. 制作要点

使用"导入"命令导入素材文件，使用"时间轴"面板控制画面的出场时间，使用不同的转场特效制作视频之间的转场效果。

课堂练习2——牛奶广告

练习 2.1　项目背景及要求

1. 客户名称

悠品乳业有限公司。

2. 客户需求

悠品乳业有限公司是一家生产和加工乳制品、纯牛奶和乳粉等产品的公司。该公司最近推出一款新的鲜奶产品，现进行促销活动，需要制作一个针对此次活动的促销广告，要求广告能够体现该产品的特色。

3. 设计要求

（1）设计要以奶产品为主导。

（2）设计形式要简洁明晰，能体现产品的特色。

（3）画面色彩要生动形象，直观自然，让人一目了然。

（4）设计能够让人有健康、新鲜、安全的感觉。

（5）设计规格为 720h×576V(1.0940)，25.00 帧/秒，D1/DV PAL(1.0940)。

练习 2.2　项目创意及要点

1. 素材资源

图片素材所在位置：本书学习资源中的"Ch09\牛奶广告\素材\01~06"。

2. 作品参考

设计作品参考效果所在位置：本书学习资源中的"Ch09\牛奶广告\牛奶广告.prproj"，效果如图 9-37 所示。

3. 制作要点

使用"位置"选项改变图像的位置，使用"缩放"选项改变图像的大小，使用"不透明度"选项编辑图片不透明度与动画，使用"添加轨道"命令添加视频轨道。

图 9-37

图 9-37（续）

课后习题 1——儿童天地节目

习题 1.1　项目背景及要求

1. 客户名称

儿童教育网站。

2. 客户需求

儿童教育网站是一家以儿童教学为主的网站，网站中的内容充满知识性和趣味性，使儿童在趣味中学习知识。现要求进行儿歌天地节目的制作，设计要符合儿童喜好，体现童真和乐趣。

3. 设计要求

（1）设计要以儿童喜欢的元素为主导。

（2）设计要使用不同文字和装饰图案来体现童趣，表现设计特色。

（3）画面色彩要符合童真，使用大胆而丰富的色彩，丰富画面效果。

（4）设计要营造出欢快愉悦的氛围，能够引起儿童的兴趣。

（5）设计规格为 720h×576V(1.0940)，25.00 帧/秒，D1/DV PAL(1.0940)。

习题 1.2　项目创意及要点

1. 素材资源

图片素材所在位置：本书学习资源中的 "Ch09\儿童天地节目\素材\01～09"。

2. 作品参考

设计作品参考效果所在位置：本书学习资源中的 "Ch09\儿童天地节目\儿童天地节目.prproj"，效果如图 9-38 所示。

图 9-38

图 9-38（续）

3. 制作要点

使用"导入"命令导入素材文件，使用"位置"选项确定图片的位置，使用"缩放"选项缩放图像的大小，使用"旋转"选项制作旋转动画效果。

课后习题 2——婚礼片头

习题 2.1　项目背景及要求

1. 客户名称

爱惜婚纱摄影工作室。

2. 客户需求

爱惜婚纱摄影工作室是一家主营婚纱照、全家福、写真、商业摄影、婚礼跟妆/跟拍等的工作室。本案例是为新人设计制作婚礼片头，设计上希望能表现出浪漫温馨、温柔缱绻的气氛。

3. 设计要求

（1）设计要以婚纱视频为主导。

（2）设计要图文结合，充分展现出婚纱摄影带给新人的浪漫和温馨。

（3）画面色彩要柔和温馨，符合设计主题。

（4）整体设计要简洁大方，让人一目了然，印象深刻。

（5）设计规格为 720h×576V(1.0940)，25.00 帧/秒，D1/DV PAL(1.0940)。

习题 2.2　项目创意及要点

1. 素材资源

图片素材所在位置：本书学习资源中的"Ch09\婚礼片头\素材\01～06"。

2. 作品参考

设计作品参考效果所在位置：本书学习资源中的"Ch09\婚礼片头\婚礼片头.prproj"，效果如图 9-39 所示。

图 9-39

3. 制作要点

使用"导入"命令导入素材文件，使用不同的过渡命令制作视频之间的转场效果，使用"效果控件"面板设置文本的属性，使用"位置"选项、"缩放"选项和"旋转"选项制作图像动画效果。

9.2　科技时代片头

9.2.1　项目背景及要求

1. 客户名称

申科迪设计公司。

2. 客户需求

申科迪设计公司是一家从事节目片头、栏目包装、歌曲 MV、广告相册等的设计公司。本案例是为科技公司设计制作栏目片头，设计上希望能表现出时尚和科技感。

3. 设计要求

（1）设计风格要时尚现代，直观醒目。

（2）设计形式要独特且充满创意感。

（3）图文搭配要合理，让画面显得既合理又美观。

（4）整体设计要能够彰显出科技的魅力。

（5）设计规格为 720h×576V(1.0940)，25.00 帧/秒，D1/DV PAL(1.0940)。

9.2.2　项目创意及要点

1. 素材资源

图片素材所在位置：本书学习资源中的"Ch09\科技时代片头\素材\01~07"。

2．作品参考

设计作品参考效果所在位置：本书学习资源中的"Ch09\科技时代片头\科技时代片头.prproj"，效果如图 9-40 所示。

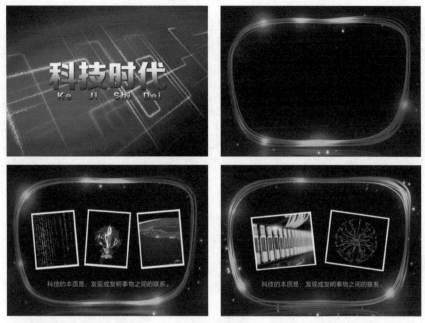

图 9-40

3．制作要点

使用"旧版标题"命令添加并编辑文字，使用"效果控件"面板编辑图片的位置制作动画效果，使用不同的转场命令制作视频之间的转场效果。

9.2.3　案例制作及步骤

1．创建字幕

（1）启动 Premiere Pro CC 2018 软件，弹出"开始"界面，单击"新建项目"按钮 新建项目...，弹出"新建项目"对话框，设置"位置"选项，选择保存文件的路径，在"名称"文本框中输入文件名"科技时代片头"，如图 9-41 所示，单击"确定"按钮，完成项目的创建。按 Ctrl+N 组合键，弹出"新建序列"对话框，在左侧的列表中展开"DV-PAL"选项，选中"标准 48kHz"模式，如图 9-42 所示，单击"确定"按钮，完成序列的创建。

（2）选择"文件 > 导入"命令，弹出"导入"对话框，选择本书学习资源中的"Ch09\科技时代片头\素材\01～ 07"文件，如图 9-43 所示，单击"打开"按钮，导入文件。导入后的文件排列在"项目"面板中，如图 9-44 所示。

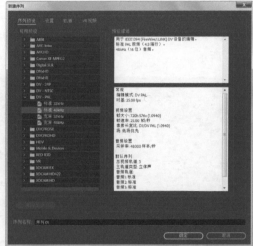

图 9-41   图 9-42

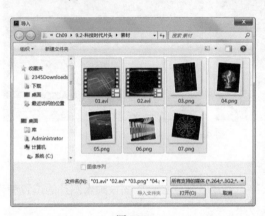

图 9-43   图 9-44

（3）选择"文件 > 新建 > 旧版标题"命令，弹出"新建字幕"对话框，如图 9-45 所示。单击"确定"按钮，弹出字幕编辑面板，选择"文字"工具 T ，在字幕工作区中输入"科技时代"，在字幕属性栏中，展开"填充"选项组，将"填充类型"选项设为"线性渐变"，"颜色"选项设为从白色到蓝色（R、G、B 的值为 0、77、255）过渡，其他设置如图 9-46 所示。

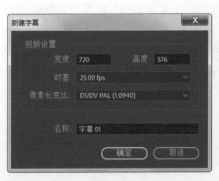

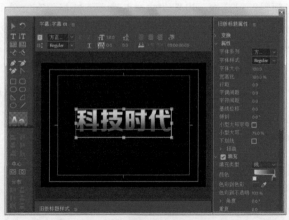

图 9-45   图 9-46

（4）选择"文字"工具 **T**，在字幕工作区输入文字"Ke Ji Shi Dai"，其他选项的设置如图 9-47 所示。关闭字幕编辑面板，新建的字幕文件自动保存到"项目"面板中，如图 9-48 所示。

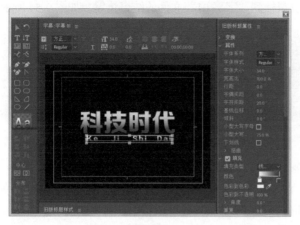 

图 9-47　　　　　　　　　　　　　　　　　　图 9-48

（5）选择"文件 > 新建 > 旧版标题"命令，弹出"新建字幕"对话框，如图 9-49 所示。单击"确定"按钮，弹出字幕编辑面板，选择"文字"工具 **T**，在字幕工作区中输入"科技的本质是：发现或发明事物之间的联系。"，其他设置如图 9-50 所示。

 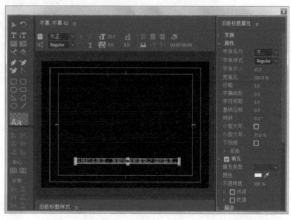

图 9-49　　　　　　　　　　　　　　　　　　图 9-50

2．制作场景动画

（1）在"项目"面板中选中"01"文件，并将其拖曳到"时间轴"面板中的"视频 1"轨道上，如图 9-51 所示。将时间标签放置在 00:00:03:00 的位置，将鼠标光标放在"01"文件的结束位置，当鼠标光标呈◀状时，向左拖曳鼠标到 00:00:03:00 的位置上，如图 9-52 所示。

图 9-51　　　　　　　　　　　　　　　　　　图 9-52

（2）将时间标签放置在 00:00:01:00 的位置上，在"项目"面板中选中"字幕 01"文件，并将其拖曳到"时间轴"面板中的"视频 2"轨道上，如图 9-53 所示。将鼠标光标放在"字幕 01"文件的结束位置，当鼠标光标呈◄状时，向左拖曳鼠标到"字幕 01"文件的结束位置，如图 9-54 所示。

图 9-53   图 9-54

（3）选择"窗口 > 效果控件"命令，弹出"效果控件"面板，展开"运动"选项，将"缩放"选项设为 20.0，单击"缩放"选项左侧的"切换动画"按钮 ，记录第 1 个动画关键帧，如图 9-55 所示。将时间标签放置在 00:00:02:12 的位置，在"效果控件"面板中，将"缩放"选项设为 100.0，记录第 2 个动画关键帧，如图 9-56 所示。

图 9-55   图 9-56

（4）在"项目"面板中选中"02"文件，并将其拖曳到"时间轴"面板中的"视频 1"轨道上，如图 9-57 所示。在"项目"面板中选中"03"文件，并将其拖曳到"时间轴"面板中的"视频 2"轨道上，如图 9-58 所示。

图 9-57   图 9-58

（5）将时间标签放置在 00:00:07:15 的位置，将鼠标光标放在"03"文件的结束位置，当鼠标光标呈◄状时，向左拖曳鼠标到 00:00:07:15 的位置上，如图 9-59 所示。在"时间轴"面板中选中"视频 2"轨道中的"03"文件，如图 9-60 所示。

（6）将时间标签放置在 00:00:03:14 的位置，在"效果控件"面板中，展开"运动"选项，将"位置"选项设为 -114.4 和 296.7，"缩放"选项设为 120.0，"锚点"选项设为 74.2 和 112.6，单击"位置"选项左侧的"切换动画"按钮 ，记录第 1 个动画关键帧，如图 9-61 所示。

（7）将时间标签放置在 00:00:04:10 的位置，在"效果控件"面板中，将"位置"选项设为 156.7 和 296.7，如图 9-62 所示，记录第 2 个动画关键帧。

图 9-59

图 9-60

图 9-61

图 9-62

（8）将时间标签放置在 00:00:04:11 的位置，如图 9-63 所示。在"项目"面板中选中"04"文件，并将其拖曳到"时间轴"面板中的"视频 3"轨道上，如图 9-64 所示。

图 9-63

图 9-64

（9）将鼠标光标放在"04"文件的结束位置，当鼠标光标呈 状时，向左拖曳鼠标到"03"文件的结束位置，如图 9-65 所示。在"时间轴"面板中选中"视频 3"轨道中的"04"文件，如图 9-66 所示。

图 9-65

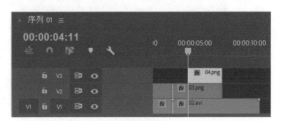

图 9-66

（10）在"效果控件"面板中，展开"运动"选项，将"位置"选项设为 - 88.0 和 308.2，"缩放"选项设为 120.0，"锚点"选项设为 86.9 和 126.1，单击"位置"选项左侧的"切换动画"按钮 ，记录第 1 个动画关键帧，如图 9-67 所示。将时间标签放置在 00:00:05:15 的位置，在"效果控件"面板中，将"位置"选项设为 362.6 和 308.2，如图 9-68 所示，记录第 2 个动画关键帧。

图 9-67　　　　　　　　　　　　　　　　　　图 9-68

（11）在"项目"面板中选中"05"文件，并将其拖曳到"时间轴"面板中的"视频 4"轨道上，如图 9-69 所示。将鼠标光标放在"05"文件的结束位置，当鼠标光标呈 ◀ 状时，向左拖曳鼠标到"04"文件的结束位置，如图 9-70 所示。

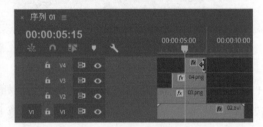

图 9-69　　　　　　　　　　　　　　　　　　图 9-70

（12）在"时间轴"面板中，选中"视频 4"轨道中的"05"文件。在"效果控件"面板中，展开"运动"选项，"缩放"选项设为 120.0，"锚点"选项设为 76.8 和 120.3，将"位置"选项设为 804.5 和 304.4，单击"位置"选项左侧的"切换动画"按钮 ⏱，如图 9-71 所示，记录第 1 个动画关键帧。

（13）将时间标签放置在 00:00:07:09 的位置，在"效果控件"面板中，将"位置"选项设为 540.4 和 304.4，如图 9-72 所示，记录第 2 个动画关键帧。

图 9-71　　　　　　　　　　　　　　　　　　图 9-72

（14）在"项目"面板中选中"06"文件，并将其拖曳到"时间轴"面板中的"视频 2"轨道上，如图 9-73 所示。将鼠标光标放在"06"文件的结束位置，当鼠标光标呈 ◀ 状时，向左拖曳鼠标到"02"文件的结束位置，如图 9-74 所示。

图 9-73　　　　　　　　　　　　　　　　图 9-74

（15）将时间标签放置在 00:00:07:20 的位置，在"时间轴"面板中选中"视频 2"轨道中的"06"文件。在"效果控件"面板中，将"位置"选项设为 231.5 和 288.0，"缩放"选项设为 120.0，如图 9-75 所示。在"节目"面板中预览效果，如图 9-76 所示。

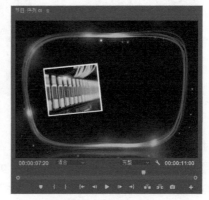

图 9-75　　　　　　　　　　　　　　　　图 9-76

（16）将时间标签放置在 00:00:08:18 的位置，在"项目"面板中选中"07"文件，并将其拖曳到"时间轴"面板中的"视频 3"轨道上，如图 9-77 所示。将鼠标光标放在"07"文件的结束位置，当鼠标光标呈状时，向左拖曳鼠标到"06"文件的结束位置，如图 9-78 所示。

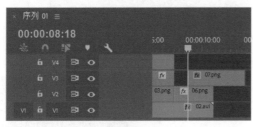

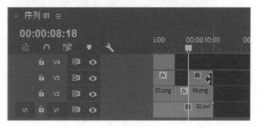

图 9-77　　　　　　　　　　　　　　　　图 9-78

（17）在"时间轴"面板中选中"视频 3"轨道中的"07"文件，如图 9-79 所示。在"效果控件"面板中，展开"运动"选项，将"位置"选项设为 481.5 和 288.0，"缩放"选项设为 120.0，如图 9-80 所示。

（18）选择"窗口 > 效果"命令，弹出"效果"面板，展开"视频过渡"特效分类选项，单击"页面剥落"文件夹左侧的三角形按钮 ＞ 将其展开，选中"翻页"特效，如图 9-81 所示。将"翻页"特效拖曳到"时间轴"面板中"视频 3"轨道的"07"文件的开始位置，如图 9-82 所示。

图 9-79 图 9-80

图 9-81 图 9-82

（19）将时间标签放置在 00:00:06:09 的位置，在"项目"面板中选中"字幕 02"文件，并将其拖曳到"时间轴"面板中的"视频 5"轨道上，如图 9-83 所示。将鼠标光标放在"字幕 02"文件的结束位置，当鼠标光标呈◄状时，向左拖曳鼠标到"06"文件的结束位置，如图 9-84 所示。

图 9-83 图 9-84

（20）科技时代片头制作完成，如图 9-85 所示。

课堂练习1——生日贺卡

练习 1.1 项目背景及要求

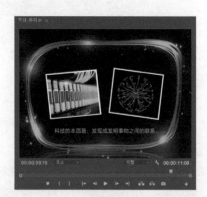

图 9-85

1. 客户名称

悦非儿童生活网。

2. 客户需求

悦非儿童生活网是一家体现儿童生活、学习信息和情感交流的网上生活乐园，提供先进、安全、优质的生活体验。公司要求进行生日贺卡的制作，设计要符合宣传主题，营造出快乐、轻松、活力的氛围。

3．设计要求

（1）设计要以儿童和生日元素为主导。

（2）要使用不同的文字和装饰图形来诠释生日贺卡的内容。

（3）色彩运用要大胆而富有特色，以丰富画面。

（4）设计营造出轻松活泼的氛围，能够引起儿童的兴趣。

（5）设计规格为 720h×576V(1.0940)，25.00 帧/秒，D1/DV PAL(1.0940)。

练习 1.2　项目创意及要点

1．素材资源

图片素材所在位置：本书学习资源中的"Ch09\生日贺卡\素材\01~16"。

2．作品参考

设计作品参考效果所在位置：本书学习资源中的"Ch09\生日贺卡\生日贺卡.prproj"，效果如图 9-86 所示。

图 9-86

3．制作要点

使用"导入"命令导入素材文件，使用"时间轴"面板控制图像的出场时间，使用不同的转场特效制作图像之间的转场效果。

课堂练习 2——环保广告

练习 2.1　项目背景及要求

1．客户名称

时尚生活电视台。

2．客户需求

时尚生活电视台是全方位介绍人们的衣、食、住、行等资讯的时尚生活类电视台。现在电视台要求制作环保广告片头，要能体现出健康、安全、时尚的生活理念。

3. 设计要求

（1）设计要以环保、健康为主题。

（2）设计形式要简洁明晰，能直观地展示广告的性质。

（3）画面色彩要以绿色和蓝色为主，能体现出健康、洁净的主题思想。

（4）设计风格与时俱进，突出时尚和现代感。

（5）设计规格为 720h×576V(1.0940)，25.00 帧/秒，D1/DV PAL(1.0940)。

练习 2.2　项目创意及要点

1. 素材资源

图片素材所在位置：本书学习资源中的"Ch09\环保广告\素材\ 01~10"。

2. 作品参考

设计作品参考效果所在位置：本书学习资源中的"Ch09\环保广告\环保广告.prproj"，效果如图 9-87 所示。

图 9-87

3. 制作要点

使用"旧版标题"命令添加并编辑文字；使用"效果控件"面板编辑图像的位置和不透明度，制作动画效果；使用不同的转场命令制作视频之间的转场效果。

课后习题 1——情侣相册

习题 1.1　项目背景及要求

1. 客户名称

刘可平个人网站。

2. 客户需求

刘可平个人网站是一个自己创建的展示个人生活、感情经历以及兴趣爱好等信息的网站。本例是为网站制作情侣相册，要求与网站风格相呼应，体现出自然随性、时尚前卫的感觉。

3．设计要求

（1）设计要以相片元素为主导。

（2）设计形式要与网站风格相呼应，同时能体现相册特色。

（3）相册色彩要简洁大气，体现出时尚、个性的主题。

（4）设计风格独特明晰，能够给人前卫、随性的感觉。

（5）设计规格为 720h×576V(1.0940)，25.00 帧/秒，D1/DV PAL(1.0940)。

习题 1.2　项目创意及要点

1．素材资源

图片素材所在位置：本书学习资源中的"Ch09\情侣相册\素材\01~07"。

2．作品参考

设计作品参考效果所在位置：本书学习资源中的"Ch09\情侣相册\情侣相册.prproj"，效果如图 9-88 所示。

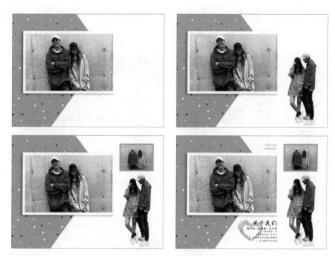

图 9-88

3．制作要点

使用"效果控件"面板编辑图像的位置、缩放比例和不透明度选项，制作动画效果；使用不同的转场特效制作图像之间的转场效果；使用"时间轴"面板控制画面的出场顺序。

课后习题 2——汽车广告

习题 2.1　项目背景及要求

1．客户名称

安迪 4S 店。

2. 客户需求

安迪 4S 店是一家集汽车销售、零配件、维修养护与信息反馈为一体的汽车 4S 连锁店。目前，该 4S 店要制作宣传广告，要求以简洁直观的表现手法体现出产品的技术与特色。

3. 设计要求

（1）要求使用深色的背景营造出静谧、宁静的氛围，起到衬托的作用。

（2）宣传主体要醒目突出，能合理地融入设计，以增加画面的整体感和空间感。

（3）文字设计要醒目突出，能起到均衡画面的效果。

（4）整个设计简洁直观，同时体现出品质感。

（5）设计规格为 720h×576V(1.0940)，25.00 帧/秒，D1/DV PAL(1.0940)。

习题 2.2　项目创意及要点

1. 素材资源

图片素材所在位置：本书学习资源中的"Ch09\汽车广告\素材\01~08"。

2. 作品参考

设计作品参考效果所在位置：本书学习资源中的"Ch09\汽车广告\汽车广告.prproj"，效果如图 9-89 所示。

图 9-89

3. 制作要点

使用"导入"命令导入素材文件；使用"时间轴"面板控制图像的出场顺序；使用"效果控件"面板编辑图像的位置、缩放比例和不透明度选项，制作动画效果；使用不同的转场特效制作图像之间的转场效果；使用"添加轨道"命令添加新轨道。